图解施工现场安全系列

脚手架 模板
高处作业施工安全

JIAOSHOUJIA MOBAN
GAOCHUZUOYE SHIGONG ANQUAN

张 跃 主编

U0271054

中国电力出版社
CHINA ELECTRIC POWER PRESS

内 容 提 要

本图册根据消防安全现行规范编写而成，共分为十章，分别为：扣件式钢管脚手架，门式钢管脚手架，碗扣式钢管脚手架，承插型盘扣式钢管脚手架，满堂脚手架，悬挑式脚手架，附着式升降脚手架，高处作业吊篮，模板支架，高处作业。每章穿插图文解说，对标准作了全面、准确的阐述。

本书可供广大建筑企业的管理人员和作业人员学习使用，也可作为高等院校建筑类专业的安全教材。

图书在版编目（CIP）数据

脚手架、模板、高处作业施工安全/张跃主编 . —北京：中国电力出版社，2017.6
（图解施工现场安全系列）
ISBN 978-7-5198-0561-6

Ⅰ.①脚… Ⅱ.①张… Ⅲ.①脚手架—工程施工—安全技术 ②模板工程施工—安全技术 ③高空作业—安全技术 Ⅳ.①TU731.2 ②TU755.2 ③TU744

中国版本图书馆 CIP 数据核字（2017）第 061743 号

出版发行：中国电力出版社　　　　　　　　　　印　　刷：北京天宇星印刷厂
地　　址：北京市东城区北京站西街 19 号　　　版　　次：2017 年 6 月第一版
邮政编码：100005　　　　　　　　　　　　　印　　次：2017 年 6 月北京第一次印刷
网　　址：http://www.cepp.sgcc.com.cn　　　开　　本：710 毫米×1000 毫米　横 16 开本
责任编辑：未翠霞（010－63412611）　　　　　印　　张：9.25
责任校对：马　宁　　　　　　　　　　　　　字　　数：178 千字
装帧设计：于　音　　　　　　　　　　　　　定　　价：36.00 元
责任印制：单　玲

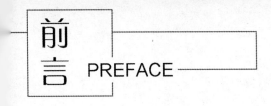

前言 PREFACE

　　建筑业是一个危险性较高、事故多发的行业。建筑施工中人员流动大、露天和高处作业多，工程施工的复杂性及工作环境的多变性都易导致施工现场安全事故的发生。因此，很有必要对施工安全进行系统化的管理。

　　为了进一步加强建设工程安全管理，全面提升安全生产文明施工标准化达标水平，我们根据我国现行标准规范，编制了这套《图解施工现场安全系列》丛书，包括《脚手架、模板、高处作业施工安全》《施工机械使用安全》《消防安全》。丛书采用示意图、效果图和文字说明相结合的方式，图文并茂，条理清晰，便于读者阅读，有利于建设安全文明施工现场。

　　本系列丛书为建设施工科学化、规范化、标准化安全管理的系统性和指导性专业工具书，具有一定的直观性、实用性、可操作性，适用于施工企业和施工现场管理人员及作业人员，也可作为施工企业开展安全培训教育的参考教材。

　　本书由张跃主编，吕君、崔海涛、江超、张蔷、刘海明、李芳芳、孙晓林、杨承清、高海静、葛新丽、梁燕参加了编写，全书由张跃统稿、整理。

　　本系列丛书在编写过程中，广泛征求了相关专家意见，得到了有关专业人士的技术指导。如有疏漏或不当之处，恳请提出宝贵意见和建议。在此，表示真诚的感谢。

编　者

目录 CONTENTS

第一章 ≪≪≪≪≪

扣件式钢管脚手架

扣件式钢管脚手架检查评分表

序号	检查项目		扣　分　标　准	应得分数	扣减分数	实得分数
1		施工方案	(1) 架体搭设未编制专项施工方案或未按规定审核、审批，扣10分 (2) 架体结构设计未进行设计计算，扣10分 (3) 架体搭设超过规范允许高度时，专项施工方案未按规定组织专家论证，扣10分	10		
2		立杆基础	(1) 立杆基础不平、不实、不符合专项施工方案要求，扣5～10分 (2) 立杆底部缺少底座、垫板或垫板的规格不符合规范要求，每处扣2～5分 (3) 未按规范要求设置纵、横向扫地杆，扣5～10分 (4) 扫地杆的设置和固定不符合规范要求，扣5分 (5) 未采取排水措施，扣8分	10		
3	保证项目	架体与建筑结构拉结	(1) 架体与建筑结构拉结方式或间距不符合规范要求，每处扣2分 (2) 架体底层第一步纵向水平杆处未按规定设置连墙件或未采用其他可靠措施固定，每处扣2分 (3) 搭设高度超过24m的双排脚手架，未采用刚性连墙件与建筑结构可靠连接，扣10分	10		
4		杆件间距与剪刀撑	(1) 立杆、纵向水平杆、横向水平杆间距超过设计或规范要求，每处扣2分 (2) 未按规定设置纵向剪刀撑或横向斜撑，每处扣5分 (3) 剪刀撑未沿脚手架高度连续设置或角度不符合规范要求，扣5分 (4) 剪刀撑斜杆件的接长或剪刀撑斜杆与架体杆件固定不符合规范要求，每处扣2分	10		
5		脚手板与防护栏杆	(1) 脚手板未满铺或铺设不牢、不稳，扣5～10分 (2) 脚手板规格或材质不符合规范要求，扣5～10分 (3) 架体外侧未设置密目式安全网封闭或网间连接不严，扣5～10分 (4) 作业层防护栏杆不符合规范要求，扣5分 (5) 作业层未设置高度不小于180mm的挡脚板，扣3分	10		
6		交底与验收	(1) 架体搭设前未进行交底或交底未有文字记录，扣5～10分 (2) 架体分段搭设、分段使用未进行分段验收，扣5分 (3) 架体搭设完毕未办理验收手续，扣10分 (4) 验收内容未进行量化，或未经责任人签字确认，扣5分	10		
		小计		60		

续表

序号	检查项目	扣 分 标 准	应得分数	扣减分数	实得分数
7	横向水平杆设置	(1) 未在立杆与纵向水平杆交点处设置横向水平杆，每处扣2分 (2) 未按脚手板铺设的需要增加设置横向水平杆，每处扣2分 (3) 双排脚手架横向水平杆只固定一端，每处扣2分 (4) 单排脚手架横向水平杆插入墙内小于180mm，每处扣2分	10		
8	杆件连接	(1) 纵向水平杆搭接长度小于1m或固定不符合要求，每处扣2分 (2) 立杆除顶层顶步外采用搭接，每处扣4分 (3) 杆件对接扣件的布置不符合规范要求，扣2分 (4) 扣件紧固力矩小于40N·m或大于65N·m，每处扣2分	10		
9	层间防护	(1) 作业层脚手板下未采用安全平网兜底或作业层以下每隔10m未采用安全平网封闭，扣5分 (2) 作业层与建筑物之间未按规定进行封闭，扣5分	10		
10	构配件材质	(1) 钢管直径、壁厚、材质不符合要求，扣5～10分 (2) 钢管弯曲、变形、锈蚀严重，扣10分 (3) 扣件未进行复试或技术性能不符合标准，扣5分	5		
11	通道	(1) 未设置人员上下专用通道，扣5分 (2) 通道设置不符合要求，扣2分	5		
	小计		40		
检查项目合计			100		

一般项目

第一节 保证项目的检查评定

1. 施工方案

考虑到施工工期、质量和安全要求，选择方案时应充分考虑以下几点：

（1）架体的结构设计，力求做到结构要安全可靠，造价经济合理。

（2）在规定的条件下和规定的使用期限内，能够充分满足预期的安全性和耐久性。

（3）选用材料时，力求做到常见通用、可周转利用，便于保养维修。

（4）结构选型时，力求做到受力明确，构造措施到位，升降搭拆方便，便于检查验收。

扣件式钢管脚手架

【依据】《建筑施工安全检查标准》（JGJ 59—2011）

3.3.3 扣件式钢管脚手架保证项目的检查评定应符合下列规定：

1. 施工方案

1）架体搭设应编制专项施工方案，结构设计应进行计算，并按规定进行审核、审批；

2）当架体搭设超过规范允许高度时，应组织专家对专项施工方案进行论证。

2. 立杆基础

脚手架立杆基础应符合下列要求：

（1）搭设高度在 24m 以下时，可素土夯实找平，上面铺 5cm 厚木板；长度为 2m 时，垂直于墙面放置。

（2）搭设高度在 25～50m 时，应根据现场地耐力情况设计基础作法或采用分层回填夯实达到要求时，可用枕木支垫，或在地基上加铺 20cm 厚道碴，其上铺设混凝土板，再仰铺 12～16 号槽钢。

（3）搭设高度超过 50m 时，应进行计算并根据地耐力设计基础作法或于地面 1m 深处采用灰土地基或浇筑 50cm 厚混凝土基础，其上采用枕木支垫。

立杆基础应有排水措施。一般采取两种方法，一种是在地基平整过程中，有意从建筑物根部向外放点坡，一般取 5° 倾角，便于水流出；另一种是在距建筑物根部外 2.5m 处挖排水沟排水。

排水沟

【依据】《建筑施工安全检查标准》（JGJ 59—2011）

3.3.3 扣件式钢管脚手架保证项目的检查评定应符合下列规定：

2. 立杆基础

1）立杆基础应按方案要求平整、夯实，并应采取排水措施，立杆底部设置的垫板、底座应符合规范要求；

2）架体应在距立杆底端高度不大于 200mm 处设置纵、横向扫地杆，并应用直角扣件固定在立杆上，横向扫地杆应设置在纵向扫地杆的下方。

3. 架体与建筑结构拉结

（1）连墙件设置的位置、数量应按专项施工方案确定，通常可以布置为三步三跨、两步三跨以及两步两跨等，一般每个连墙件覆盖面积在 20～40m²。

（2）连墙件的布置应靠近主节点设置，偏离主节点的距离不应大于 300mm；应从底层第一步纵向水平杆处开始设置，当该处设置有困难时，应采用其他可靠措施固定。

（3）当脚手架下部暂不能设连墙件时应采取防倾覆措施。当搭设抛撑时，抛撑应采用通长杆件，并用旋转扣件固定在脚手架上，与地面的倾角应在 45°～60°；连接点中心至主节点的距离不应大于 300mm，抛撑应在连墙件搭设后方可拆除。

连墙件中的连墙杆应水平设置；当不能水平设置时，应向脚手架一端下斜连接。

连墙件

【依据】《建筑施工安全检查标准》（JGJ 59—2011）

3.3.3　扣件式钢管脚手架保证项目的检查评定应符合下列规定：

3. 架体与建筑结构拉结

1）架体与建筑结构拉结应符合规范要求；

2）连墙件应从架体底层第一步纵向水平杆处开始设置，当该处设置有困难时应采取其他可靠措施固定；

3）对搭设高度超过 24m 的双排脚手架，应采用刚性连墙件与建筑结构可靠拉结。

4. 杆件间距与剪刀撑

（1）高度在 24m 以下的单、双排脚手架，均必须在外侧立面的两端各设置一组剪刀撑，由底部至顶部随脚手架的搭设连续设置；中间部分间距可不大于 15m。

（2）高度在 25m 以上的双排脚手架，在外侧立面必须沿长度和高度连续设置。

每组剪刀撑跨越立杆根数5～7根(>6m)，斜杆与地面夹角在45°～60°。

立杆是脚手架主要受力杆件，间距应均匀设置，不能加大间距，否则降低立杆承载能力；大横杆步距的变化也直接影响脚手架承载能力。当步距由1.2m增加到1.8m时，临界荷载下降27%。

扣件式钢管脚手架

【依据】《建筑施工安全检查标准》（JGJ 59—2011）

3.3.3 扣件式钢管脚手架保证项目的检查评定应符合下列规定：

4. 杆件间距与剪刀撑

1）架体立杆、纵向水平杆、横向水平杆间距应符合设计和规范要求；

2）纵向剪刀撑及横向斜撑的设置应符合规范要求；

3）剪刀撑杆件的接长、剪刀撑斜杆与架体杆件的固定应符合规范要求。

5. 脚手板与防护栏杆

脚手板必须按照规范将脚手架的宽度满铺，板与板之间布置应严密、牢靠。

钢脚手板用 2.0mm 厚板材冲压制成，如有锈蚀、裂纹者严禁使用。

钢脚手板

脚手板自重标准值

类　别	标准值（kN/m²）
钢脚手板	0.30
竹串片脚手板	0.35
木脚手板	0.35
竹笆脚手板	0.10

栏杆、挡脚板自重标准值

类　别	标准值（kN/m²）
栏杆、钢脚手板挡板	0.16
栏杆、竹串片脚手板挡板	0.17
栏杆、木脚手板挡板	0.17

【依据】《建筑施工安全检查标准》（JGJ 59—2011）

3.3.3　扣件式钢管脚手架保证项目的检查评定应符合下列规定：

5. 脚手板与防护栏杆

1）脚手板材质、规格应符合规范要求，铺板应严密、牢靠；

2）架体外侧应采用密目式安全网封闭，网间连接应严密；

3）作业层应按规范要求设置防护栏杆；

4）作业层外侧应设置高度不小于 180mm 的挡脚板。

6. 交底与验收

（1）脚手架搭设前，施工负责人应按照施工方案要求，结合施工现场作业条件和队伍情况，做详细的安全技术交底，并有专人指挥。

（2）脚手架搭设完毕，应由施工负责人组织，有关人员参加，按照施工方案和规范分段进行逐项检查验收，确认符合要求后，方可投入使用。

钢管立杆纵距偏差为±50mm。

钢管立杆垂直度偏差不大于 $1/100H$，且不大于 10cm（H 为总高度）。

扣件紧固力矩为 $40\sim50N\cdot m$，不大于 $65N\cdot m$。抽查安装数量 5%，扣件不合格数量不大于抽查数量的 10%。

扣件式钢管脚手架

【依据】《建筑施工安全检查标准》（JGJ 59—2011）

3.3.3 扣件式钢管脚手架保证项目的检查评定应符合下列规定：

6. 交底与验收

1）架体搭设前应进行安全技术交底，并应有文字记录；

2）当架体分段搭设、分段使用时，应进行分段验收；

3）搭设完毕应办理验收手续，验收应有量化内容并经责任人签字确认。

第二节　一般项目的检查评定

1. 横向水平杆设置

横向水平杆伸出纵向水平杆的距离不应小于100mm。

主节点处必须设置一根横向水平杆，用直角扣件扣接且严禁拆除。

使用钢脚手板、木脚手板、竹串片脚手板时，双排架的横向水平杆两端均应采用直角扣件，固定在纵向水平杆上。

扣件式钢管脚手架

【依据】《建筑施工安全检查标准》（JGJ 59—2011）

3.3.4　扣件式钢管脚手架一般项目的检查评定应符合下列规定：

1. 横向水平杆设置

1）横向水平杆应设置在纵向水平杆与立杆相交的主节点处，两端应与纵向水平杆固定；

2）作业层应按铺设脚手板的需要增加设置横向水平杆；

3）单排脚手架横向水平杆插入墙内不应小于180mm。

2. 杆件连接

单排、双排与满堂脚手架立杆接长除顶层顶步外，其余各层各步接头必须采用对接扣件连接。

两根相邻纵向水平杆的接头不应设置在同步或同跨内；不同步或不同跨两个相邻接头在水平方向错开的距离不应小于500mm；各接头中心至最近主节点的距离不应大于纵距的1/3。

扣件式钢管脚手架

【依据】 《建筑施工安全检查标准》（JGJ 59—2011）

3.3.4 扣件式钢管脚手架一般项目的检查评定应符合下列规定：

2. 杆件连接

1）纵向水平杆杆件宜采用对接，若采用搭接，其搭接长度不应小于1m，且固定应符合规范要求；

2）立杆除顶步外，不得采用搭接；

3）杆件对接扣件应交错布置，并符合规范要求；

4）扣件紧固力矩不应小于40N·m，且不应大于65N·m。

3. 层间防护

建筑物首层要设置兜网，向上每隔 3 层设置一道，作业层下设随层网。兜网要采用符合质量要求的平网，并用系绳系牢，不可留有漏洞。

兜　网

脚手架外排立杆内侧，要采用密目式安全网全封闭。密目式安全网必须用符合要求的系绳，将网周边每隔 45cm 系牢在脚手管上。

密目式安全网

【依据】《建筑施工安全检查标准》(JGJ 59—2011)

3.3.4　扣件式钢管脚手架一般项目的检查评定应符合下列规定：

3. 层间防护

1）作业层脚手板下应采用安全平网兜底，以下每隔 10m 应采用安全平网封闭；

2）作业层里排架体与建筑物之间应采用脚手板或安全平网封闭。

脚手架、模板、高处作业施工安全

4. 构配件材质

用于横向水平杆的钢管最大长度不应大于 2m;其他杆不应大于 6.5m。每根钢管最大质量不应超过 25kg,以便适合人工搬运。

扣件式钢管脚手架应采用锻铁铸造的扣件,其基本形式有三种:用于垂直交叉杆件间连接的直角扣件,用于平行或斜交杆件间连接的旋转扣件及用于杆件对接连接的对接扣件。

扣件式钢管脚手架

底座形式有内插式和外套式两种,内插式的外径比立杆内径小 2mm,外套式的内径比立杆外径大 2mm。

连墙件将立杆与主体结构连接在一起,可用钢管、扣件或预埋件组成刚性连墙件,也可采用钢筋做拉结筋的柔性连墙件。

【依据】《建筑施工安全检查标准》(JGJ 59—2011)

3.3.4 扣件式钢管脚手架一般项目的检查评定应符合下列规定:

4. 构配件材质

1) 钢管直径、壁厚、材质应符合规范要求;

2) 钢管弯曲、变形、锈蚀应在规范允许范围内;

3) 扣件应进行复试且技术性能符合规范要求。

5. 通道

上下人行专用通道可附着于建筑物上设置，也可附着在脚手架外侧设置，但搭设通道的杆件必须独立设置。架高 6m 以下宜采用一字形斜道，架高 6m 以上宜采用"之"字形斜道。

> **上下人行专用通道使用注意事项：**
>
> （1）避免在上下班期间人员集中上下，防止因斜道板承载力过大导致断裂坍塌。
>
> （2）定期对所有扣件进行检查，发现有松动的立即安排人员进行紧固。
>
> （3）定期检查，发现防滑条、踢脚板等损坏立即进行更换。

斜道坡度不宜大于 1:3。

上下人行专用通道

【**依据**】　《建筑施工安全检查标准》（JGJ 59—2011）

3.3.4　扣件式钢管脚手架一般项目的检查评定应符合下列规定：

5. 通道

1）架体应设置供人员上下的专用通道；

2）专用通道的设置应符合规范要求。

第二章 《《《《《

门式钢管脚手架

门式钢管脚手架检查评分表

序号	检查项目		扣 分 标 准	应得分数	扣减分数	实得分数
1	保证项目	施工方案	(1) 未编制专项施工方案或未进行设计计算，扣10分 (2) 专项施工方案未按规定审核、审批，扣10分 (3) 架体搭设超过规范允许高度，专项施工方案未组织专家论证，扣10分	10		
2		架体基础	(1) 架体基础不平、不实，不符合专项施工方案要求，扣5～10分 (2) 架体底部未设置垫板或垫板的规格不符合要求，扣2～5分 (3) 架体底部未按规范要求设置底座，每处扣2分 (4) 架体底部未按规范要求设置扫地杆，扣5分 (5) 未采取排水措施，扣8分	10		
3		架体稳定	(1) 架体与建筑物结构拉结方式或间距不符合规范要求，每处扣2分 (2) 未按规范要求设置剪刀撑，扣10分 (3) 门架立杆垂直偏差超过规范要求，扣5分 (4) 交叉支撑的设置不符合规范要求，每处扣2分	10		
4		杆件锁臂	(1) 未按规定组装或漏装杆件、锁臂，扣2～6分 (2) 未按规范要求设置纵向水平加固杆，扣10分 (3) 扣件与连接的杆件参数不匹配，每处扣2分	10		
5		脚手板	(1) 脚手板未满铺或铺设不牢、不稳，扣5～10分 (2) 脚手板规格或材质不符合要求，扣5～10分 (3) 采用挂扣式钢脚手板时挂钩未挂扣在横向水平杆上或挂钩未处于锁住状态，每处扣2分	10		
6		交底与验收	(1) 架体搭设前未进行交底或交底未有文字记录，扣5～10分 (2) 架体分段搭设、分段使用时未进行分段验收，扣6分 (3) 架体搭设完毕未办理验收手续，扣10分 (4) 验收内容未进行量化，或未经责任人签字确认，扣5分	10		
		小计		60		

序号	检查项目		扣 分 标 准	应得分数	扣减分数	实得分数
7	一般项目	架体防护	(1) 作业层防护栏杆不符合规范要求，扣5分 (2) 作业层未设置高度不小于180mm的挡脚板，扣3分 (3) 架体外侧未设置密目式安全网封闭或网间连接不严，扣5~10分 (4) 作业层脚手板下未采用安全平网兜底或作业层以下每隔10m未采用安全平网封闭，扣5分	10		
8		构配件材质	(1) 杆件变形、锈蚀严重，扣10分 (2) 门架局部开焊，扣10分 (3) 构配件的规格、型号、材质或产品质量不符合规范要求，扣5~10分	10		
9		荷载	(1) 施工荷载超过设计规定，扣10分 (2) 荷载堆放不均匀，每处扣5分	10		
10		通道	(1) 未设置人员上下专用通道，扣10分 (2) 通道设置不符合规范要求，扣5分	10		
		小计		40		
	检查项目合计			100		

第一节　保证项目的检查评定

1. 施工方案

　　脚手架的搭设，应自一端延伸向另一端，自下而上按步架设，并逐层改变搭设方向，减少误差积累。不可自两端相向搭设或相间进行，以避免结合处错位，难于连接。

> **门式脚手架搭设的顺序：**
> 　　基础准备→安放垫板→安放底座→竖两榀单片门架→安装交叉杆→安装脚手板→以此为基础重复安装门架、交叉杆、脚手板工序。

门式钢管脚手架

【依据】《建筑施工安全检查标准》（JGJ 59—2011）

3.4.3　门式钢管脚手架保证项目的检查评定应符合下列规定：

1. 施工方案

1）架体搭设应编制专项施工方案，结构设计应进行计算，并按规定进行审核、审批；

2）当架体搭设超过规范允许高度时，应组织专家对专项施工方案进行论证。

2. 架体基础

对脚手架的搭设场地进行清理、平整，并做好排水。

为保证地基具有足够的承载能力，立杆基础施工应满足构造要求和施工组织设计的要求，垫板、底座安放位置要准确。

门式钢管脚手架

【依据】《建筑施工安全检查标准》（JGJ 59—2011）

3.4.3 门式钢管脚手架保证项目的检查评定应符合下列规定：

2. 架体基础

1）立杆基础应按方案要求平整、夯实，并应采取排水措施；

2）架体底部应设置垫板和立杆底座，并应符合规范要求；

3）架体扫地杆设置应符合规范要求。

3. 架体稳定

（1）脚手架的搭设必须配合施工进度，一次搭设高度不应超过最上层连墙件三步或自由高度小于 6m，以保证脚手架稳定。

（2）当脚手架操作层高出相邻连墙件以上两步时，应采用临时加强稳定措施，直到连墙件搭设完毕后方可拆除。

门式钢管脚手架

严格控制首层门架的垂直度和水平度。门架竖杆在两个方向的垂直偏差都控制在 2mm 以内，门架顶部的水平偏差控制在 5mm 以内。

【**依据**】《建筑施工安全检查标准》（JGJ 59—2011）

3.4.3　门式钢管脚手架保证项目的检查评定应符合下列规定：

3. 架体稳定

1）架体与建筑物结构拉结应符合规范要求；

2）架体剪刀撑斜杆与地面夹角应在 45°～60°之间，应采用旋转扣件与立杆固定，剪刀撑设置应符合规范要求；

3）门架立杆的垂直偏差应符合规范要求；

4）交叉支撑的设置应符合规范要求。

4. 杆件锁臂

（1）交叉支撑、水平架、脚手板、连接棒、锁臂的设置应符合构造规定。

（2）交叉支撑、水平架及脚手板应紧随门架的安装及时设置。

（3）不同产品的门架与配件不得混合用于同一脚手架。

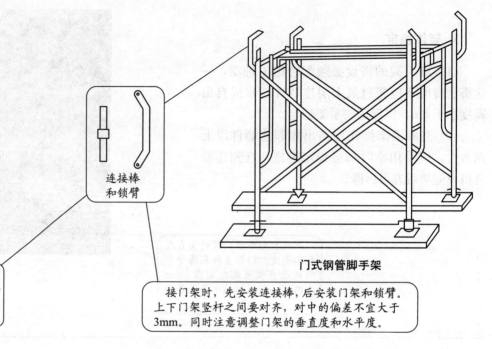

连接棒和锁臂

门式钢管脚手架

门式钢管脚手架的上、下榀门架的组装必须设置连接棒及锁臂，连接棒直径应不小于立杆内径的1～2mm。

接门架时，先安装连接棒，后安装门架和锁臂。上下门架竖杆之间要对齐，对中的偏差不宜大于3mm。同时注意调整门架的垂直度和水平度。

【依据】《建筑施工安全检查标准》（JGJ 59—2011）

3.4.3 门式钢管脚手架保证项目的检查评定应符合下列规定：

4. 杆件锁臂

1）架体杆件、锁臂应按规范要求进行组装；

2）应按规范要求设置纵向水平加固杆；

3）架体使用的扣件规格应与连接杆件相匹配。

---

5. 脚手板

水平架或脚手板应在同一步内连续设置，脚手板应满铺。

各部件的锁臂、搭钩必须处于锁住状态。

脚板（笆）应在脚手架施工层两侧设置，栏板（杆）应在脚手架施工层外侧设置，栏杆、挡脚板应在门架立杆的内侧设置。

门式钢管脚手架

【依据】《建筑施工安全检查标准》（JGJ 59—2011）

3.4.3 门式钢管脚手架保证项目的检查评定应符合下列规定：

5. 脚手板

1) 脚手板材质、规格应符合规范要求；

2) 脚手板应铺设严密、平整、牢固；

3) 挂扣式钢脚手板的挂扣必须完全挂扣在水平杆上，挂钩应处于锁住状态。

6. 交底与验收

脚手架搭设完毕或分段搭设完毕时应对脚手架工程质量进行检查，经检查合格后方可交付使用。

高度在20m及其以下的脚手架，由单位工程负责人组织技术安全人员进行检查验收；高度大于20m的脚手架，由工程处技术负责人随工程进度分阶段组织单位工程负责人及有关的技术安全人员进行检查验收。

验收时应具备下列文件：

（1）必要的施工设计文件及组装图。

（2）脚手架部件的出厂合格证或质量分级合格标志。

（3）脚手架工程的施工记录及质量检查记录。

（4）脚手架搭设的重大问题及处理记录。

（5）脚手架工程的施工验收报告。

组织验收

脚手架工程的验收，除查验有关文件外，还应进行现场抽查，并记入施工验收报告：

（1）安全措施的杆件是否齐全，扣件是否紧固、合格。

（2）安全网的张挂及扶手的设置是否齐全。

（3）基础是否平整、坚实。

（4）连墙杆的设置是否存在遗漏、是否符合要求。

（5）垂直度及水平度是否合格。

【依据】《建筑施工安全检查标准》（JGJ 59—2011）

3.4.3　门式钢管脚手架保证项目的检查评定应符合下列规定：

6. 交底与验收

1）架体搭设前应进行安全技术交底，并应有文字记录；

2）当架体分段搭设、分段使用时，应进行分段验收；

3）搭设完毕应办理验收手续，验收应有量化内容并经责任人签字确认。

第二节　一般项目的检查评定

1. 架体防护

（1）门式钢管脚手架在施工作业层外侧按临边防护要求，设置两道防护栏杆和挡脚板，防止作业人员坠落和脚手板上物料滚落。

（2）脚手架外侧设置的密目式安全网要求使用合格的系绳将网周边每隔45cm（每个环间隔）系牢在脚手杆上。

门式钢管脚手架

【依据】《建筑施工安全检查标准》（JGJ 59—2011）

3.4.4　门式钢管脚手架一般项目的检查评定应符合下列规定：

1. 架体防护

1）作业层应按规范要求设置防护栏杆；

2）作业层外侧应设置高度不小于180mm的挡脚板；

3）架体外侧应采用密目式安全网进行封闭，网间连接应严密；

4）架体作业层脚手板下应采用安全平网兜底，以下每隔10m应采用安全平网封闭。

脚手架、模板、高处作业施工安全

2. 构配件材质

构配件要求：

（1）交叉支撑、水平架或脚手板应紧随门架的安装及时设置。

（2）连墙件采用刚性做法，其承载力不小于10kN，靠近门架横梁设置，在脚手架转角处及一字形或非闭合的脚手架两端增设连墙件。

（3）在脚手架的操作层上应连续满铺与门架配套的挂扣式脚手板，并扣紧挡板，防止脚手板脱落和松动。

（4）栏板（杆）、挡脚板应设置在脚手架操作层外侧、门架立杆的内侧。

（5）门架的内外两侧均应设置交叉支撑并应与门架立杆上的锁销锁牢。

门式钢管脚手架

【依据】《建筑施工安全检查标准》（JGJ 59—2011）

3.4.4　门式钢管脚手架一般项目的检查评定应符合下列规定：

2. 构配件材质

1）门架不应有严重的弯曲、锈蚀和开焊；

2）门架及构配件的规格、型号、材质应符合规范要求。

3. 荷载

（1）门式脚手架每根立杆容许荷载超过 25kN。

（2）门式脚手架满铺钢制脚踏板，并将脚踏板与脚手架用锁片连接，保证脚踏板不会随意活动从而确保施工人员安全。

（3）门式脚手架组装高度原则上不超过 60m，超过 60m 要采用三角托架重新起搭。

操作层上施工荷载应符合设计要求，不得超载；不得在脚手架上集中堆放模板、钢筋等物件。严禁在脚手架上拉缆风绳或固定、架设混凝土泵、泵管及起重设备等。

门式钢管脚手架

【依据】《建筑施工安全检查标准》（JGJ 59—2011）

3.4.4　门式钢管脚手架一般项目的检查评定应符合下列规定：

3. 荷载

1）架体上的施工荷载应符合设计和规范要求；

2）施工均布荷载、集中荷载应在设计允许范围内。

4. 通道

（1）通道洞口高不宜大于两个门架，宽不宜大于一个门架跨距。

（2）当洞口宽度为一个跨距时，应在脚手架洞口上方的内外侧设置水平加固杆，在洞口两个上角加斜撑杆；当洞口宽为两个及两个以上跨距时，应在洞口上方设置经专门设计和制作的托架，并加强洞口两侧的门架立杆。

> 门式钢管脚手架有钢制梯配件，专门为作业人员提供上下通道，由钢梯梁、踏板、搭钩等组成。钢梯挂扣在相邻上下两步门架的横杆上，用防滑脱挡板与横杆锁扣牢固。

门式钢管脚手架

【**依据**】《建筑施工安全检查标准》（JGJ 59—2011）

3.4.4　门式钢管脚手架一般项目的检查评定应符合下列规定：

4. 通道

1）架体应设置供人员上下的专用通道；

2）专用通道的设置应符合规范要求。

第三章 <<<<<

碗扣式钢管脚手架

碗扣式钢管脚手架检查评分表

序号	检查项目		扣　分　标　准	应得分数	扣减分数	实得分数
1		施工方案	(1) 未编制专项施工方案或未进行结构设计计算，扣10分 (2) 专项施工方案未按规定审核、审批，扣10分 (3) 架体搭设超过规范允许高度，专项施工方案未组织专家论证，扣10分	10		
2	保证项目	架体基础	(1) 基础不平、不实，不符合专项施工方案要求，扣5~10分 (2) 架体底部未设置垫板或垫板的规格不符合要求，扣2~5分 (3) 架体底部未按规范要求设置底座，每处扣2分 (4) 架体底部未按规范要求设置扫地杆，扣5分 (5) 未采取排水措施，扣8分	10		
3		架体稳定	(1) 架体与建筑结构未按规范要求拉结，每处扣2分 (2) 架体底层第一步水平杆处开始未按规范要求设置连墙件或未采用其他可靠措施固定，每处扣2分 (3) 连墙件未采用刚性杆件，扣10分 (4) 未按规范要求设置专用斜杆或八字形斜撑，扣5分 (5) 专用斜杆两端未固定在纵、横向水平杆与立杆汇交的碗扣节点处，每处扣2分 (6) 专用斜杆或八字形斜撑未沿脚手架高度连续设置或角度不符合要求，扣5分	10		
4		杆件锁件	(1) 立杆间距、水平杆步距超过设计或规范要求，每处扣2分 (2) 未按专项施工方案设计的步距在立杆连接碗扣节点处设置纵、横向水平杆，每处扣2分 (3) 架体搭设高度超过24m时，顶部24m以下的连墙件层未按规定设置水平斜杆，扣10分 (4) 架体组装不牢或上碗扣紧固不符合要求，每处扣2分	10		
5		脚手板	(1) 脚手板未满铺或铺设不牢、不稳，扣5~10分 (2) 脚手板规格或材质不符合要求，扣5~10分 (3) 采用挂扣式钢脚手板时挂扣未扣在横向水平杆上或挂钩未处于锁住状态，每处扣2分	10		
6		交底与验收	(1) 架体搭设前未进行交底或交底未有文字记录，扣5~10分 (2) 架体分段搭设、分段使用时未进行分段验收，扣5分 (3) 架体搭设完毕未办理验收手续，扣10分 (4) 验收内容未进行量化，或未经责任人签字确认，扣5分	10		
	小计			60		

序号	检查项目		扣 分 标 准	应得分数	扣减分数	实得分数
7	一般项目	架体防护	(1) 架体外侧未采用密目式安全网封闭或网间连接不严，扣5～10分 (2) 作业层防护栏杆不符合规范要求，扣5分 (3) 作业层外侧未设置高度不小于180mm的挡脚板，扣3分 (4) 作业层脚手板下未采用安全平网兜底或作业层以下每隔10m未采用安全平网封闭，扣5分	10		
8		构配件材质	(1) 杆件弯曲、变形、锈蚀严重，扣10分 (2) 钢管、构配件的规格、型号、材质或产品质量不符合规范要求，扣5～10分	10		
9		荷载	(1) 施工荷载超过设计规定，扣10分 (2) 荷载堆放不均匀，每处扣5分	10		
10		通道	(1) 未设置人员上下专用通道，扣10分 (2) 通道设置不符合要求，扣5分	10		
		小计		40		
	检查项目合计			100		

第一节　保证项目的检查评定

1. 施工方案

（1）碗扣式钢管脚手架搭设高度除满足设计要求外，不宜超过下表规定的数值。

双排落地碗扣式脚手架允许搭设高度

步距（m）	横距（m）	纵距（m）	基本风压值（kN/m²）		
			0.4	0.5	0.6
			允许搭设高度（m）		
1.8	0.9	1.2	68	62	52
		1.5	51	43	36
	1.2	1.2	59	53	46
		1.5	41	34	26

（2）搭设高度超过规范规定的碗扣式钢管脚手架，应根据现场实际情况条件进行专门设计计算，形成的专项施工方案必须经过有关技术专家的论证审核，才可组织实施。

碗扣式钢管脚手架

【依据】《建筑施工安全检查标准》（JGJ 59—2011）

3.5.3　碗扣式钢管脚手架保证项目的检查评定应符合下列规定：

1. 施工方案

1）架体搭设应编制专项施工方案，结构设计应进行计算，并按规定进行审核、审批；

2）当架体搭设超过规范允许高度时，应组织专家对专项施工方案进行论证。

2. 架体基础

（1）当脚手架立杆基础为混凝土（包括混凝土垫层、混凝土结构层）结构时，可根据实际情况不设底座和垫板。

（2）可调底座的钢板厚度不得小于 6mm，可调底座丝杆与调节螺母啮合长度不得小于 6 扣，插入立杆内的长度不得小于 150mm。

（3）垫板长度宜采用长度不小于立杆两跨，宽度不小于 200mm，厚度不小于 50mm 的木板。

碗扣式钢管脚手架

【依据】《建筑施工安全检查标准》（JGJ 59—2011）

3.5.3 碗扣式钢管脚手架保证项目的检查评定应符合下列规定：

2. 架体基础

1）立杆基础应按方案要求平整、夯实，并应采取排水措施，立杆底部设置的垫板和底座应符合规范要求；

2）架体纵横向扫地杆距立杆底端高度不应大于 350mm。

3. 架体稳定

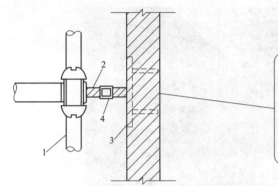

碗扣式钢管脚手架的连墙件

1—脚手架；2—连墙杆；3—预埋件；4—调节螺栓

连墙件应尽可能设置在碗扣接头内，且布置均匀。对搭设高度在30m以下的脚手架，每40m² 竖向面积应设置1个；对搭设高度大于40m的高层或荷载较大的脚手架，每20～25m² 竖向面积应设置1个。

碗扣式钢管脚手架

【依据】《建筑施工安全检查标准》（JGJ 59—2011）

3.5.3　碗扣式钢管脚手架保证项目的检查评定应符合下列规定：

3. 架体稳定

1）架体与建筑结构拉结应符合规范要求，并应从架体底层第一步纵向水平杆处开始设置连墙件，当该处设置有困难时应采取其他可靠措施固定；

2）架体拉结点应牢固、可靠；

3）连墙件应采用刚性杆件；

4）架体竖向应沿高度方向连续设置专用斜杆或八字撑；

5）专用斜杆两端应固定在纵、横向水平杆的碗扣节点处；

6）专用斜杆或八字形斜撑的设置角度应符合规范要求。

4. 杆件锁件

（1）专用斜杆应设置在有纵、横向水平杆的碗扣节点上；当脚手架高度小于或等于24m时，每隔5跨应设置一组竖向通高斜杆；当脚手架高度大于24m时，每隔3跨应设置一组竖向通高斜杆。

（2）当采用钢管扣件做斜杆时，斜杆应每步与立杆扣接，扣接点距碗扣节点的距离不应大于150mm；当出现不能与立杆扣接时，应与横杆扣接，扣件扭紧力矩应为40～65N·m。

纵向斜杆应在全高方向设置成八字形且内外对称，斜杆间距不应大于2跨。

碗扣式钢管脚手架

【依据】《建筑施工安全检查标准》（JGJ 59—2011）

3.5.3 碗扣式钢管脚手架保证项目的检查评定应符合下列规定：

4. 杆件锁件

1）架体立杆间距、水平杆步距应符合设计和规范要求；

2）应按专项施工方案设计的步距在立杆连接碗扣节点处设置纵、横向水平杆；

3）当架体搭设高度超过24m时，顶部24m以下的连墙件应设置水平斜杆，并应符合规范要求；

4）架体组装及碗扣紧固应符合规范要求。

5. 脚手板

碗扣式钢管脚手架中的脚手板可以使用碗扣式脚手架配套设计的钢制脚手板，也可使用其他普通脚手板，如，木脚手板、竹串片脚手板等。

> 工具式钢脚手板必须有挂钩，并带有自锁装置与廊道横杆锁紧，严禁浮放。

> 钢脚手板、木脚手板、竹串片脚手板，两端应与横杆绑牢，作业层相邻两根廊道横杆间应加设间横杆，脚手板探头长度应小于或等于150mm。

钢脚手板

竹串片脚手板

【依据】《建筑施工安全检查标准》（JGJ 59—2011）

3.5.3　碗扣式钢管脚手架保证项目的检查评定应符合下列规定：

5. 脚手板

1）脚手板材质、规格应符合规范要求；

2）脚手板应铺设严密、平整、牢固；

3）挂扣式钢脚手板的挂扣必须完全挂扣在水平杆上，挂钩应处于锁住状态。

6. 交底与验收

（1）碗扣式脚手架构件主要是焊接而成，故检验的关键是焊接质量，要求焊缝饱满，没有咬肉、夹渣、裂纹等缺陷。

（2）钢管应无裂缝、凹陷、锈蚀。

（3）立杆最大弯曲变形矢高不超过 $L/500$，横杆、斜杆变形矢高不超过 $L/250$。

（4）可调构件，螺纹部分完好，无滑丝现象，无严重锈蚀，焊缝无脱开现象。

（5）脚手板、斜脚手板及梯子等构件，挂钩及面板应无裂纹，无明显变形，焊接牢固。

脚手架验收合格牌

在下列阶段应对脚手架进行检查：

（1）每搭设 10m 高度。

（2）达到设计高度。

（3）遇有 6 级及以上大风、大雨、大雪之后。

（4）停工超过一个月恢复使用之前。

【依据】 《建筑施工安全检查标准》（JGJ 59—2011）

3.5.3 碗扣式钢管脚手架保证项目的检查评定应符合下列规定：

6. 交底与验收

1）架体搭设前应进行安全技术交底，并应有文字记录；

2）架体分段搭设、分段使用时，应进行分段验收；

3）搭设完毕应办理验收手续，验收应有量化内容并经责任人签字确认。

第二节 一般项目的检查评定

1. 架体防护

（1）碗扣式钢管脚手架一般应沿脚手架外侧满挂封闭的密目式安全网，并应与脚手架立杆、横杆绑扎牢固，绑扎间距不应大于0.3m。

（2）在脚手架底部和层间应设置水平安全网。

（3）作业层脚手架应在外侧立杆0.6m和1.2m的碗扣节点上设置两道防护栏杆。

密目式安全网

【依据】 《建筑施工安全检查标准》（JGJ 59—2011）

3.5.4 碗扣式钢管脚手架一般项目的检查评定应符合下列规定：

1. 架体防护

1）架体外侧应采用密目式安全网进行封闭，网间连接应严密；

2）作业层应按规范要求设置防护栏杆；

3）作业层外侧应设置高度不小于180mm的挡脚板；

4）作业层脚手板下应采用安全平网兜底，以下每隔10m应采用安全平网封闭。

2. 构配件材质

（1）钢管应无裂纹、凹陷、锈蚀，不得采用接长钢管。

（2）铸件表面应光整，不得有砂眼、缩孔、裂纹、浇冒口残余等缺陷，表面黏砂应清除干净。

（3）冲压件不得有毛刺、裂纹、氧化皮等缺陷。

（4）各焊缝应饱满，焊药应清除干净，不得有未焊透、夹渣、咬肉、裂纹等缺陷。

（5）构配件防锈漆涂层应均匀、牢固。

（6）主要构配件上的生产厂标识应清晰。

采用钢板热冲压整体成形的下碗扣，钢板应符合要求，板材厚度不得小于 6mm，并经 600～650℃ 的时效处理。严禁利用废旧锈蚀钢板改制。

碗扣式钢管脚手架

【**依据**】 《建筑施工安全检查标准》（JGJ 59—2011）

3.5.4 碗扣式钢管脚手架一般项目的检查评定应符合下列规定：

2. 构配件材质

1）架体构配件的规格、型号、材质应符合规范要求；

2）钢管不应有严重的弯曲、变形、锈蚀。

3. 荷载

脚手架配件重量标准值，可按下列规定采用。

（1）双排脚手板自重标准值统一按 $0.35kN/m^2$ 取值。

（2）作业层的栏杆与挡脚板自重标准值按 $0.14kN/m^2$ 取值。

（3）双排脚手架上满挂密目式安全网自重标准值按 $0.01kN/m^2$ 取值。

双排脚手架的永久荷载应根据脚手架实际情况进行计算，并应包括下列内容：

（1）组成脚手架结构的杆系自重，包括：立杆、纵向水平杆、横向水平杆、斜杆、水平斜杆、八字斜杆、十字撑等自重。

（2）配件重量，包括：脚手板、栏杆、挡脚板、安全网等防护设施及附加构配件的自重。

双排脚手架的可变荷载计算应包括下列荷载：

（1）脚手架的施工荷载，脚手架作业层上的操作人员、器具及材料等的重量。

（2）风荷载。

（3）其他荷载。

【依据】《建筑施工安全检查标准》（JGJ 59—2011）

3.5.4　碗扣式钢管脚手架一般项目的检查评定应符合下列规定：

3. 荷载

1）架体上的施工荷载应符合设计和规范要求；

2）施工均布荷载、集中荷载应在设计允许范围内。

4. 通道

　　(1) 通道上部架设专用横梁，横梁结构应经过设计计算确定。

　　(2) 横梁的立杆应根据计算加密，并与架体连接牢固。

　　(3) 通行机动车的入口，必须设置防撞击设施。

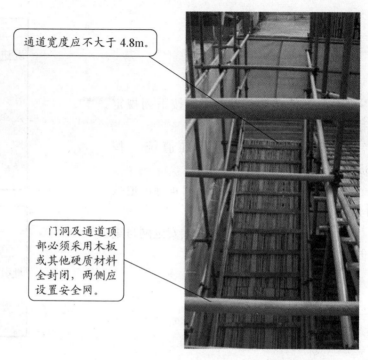

通道宽度应不大于 4.8m。

门洞及通道顶部必须采用木板或其他硬质材料全封闭，两侧应设置安全网。

上下人通道

【依据】《建筑施工安全检查标准》(JGJ 59—2011)

3.5.4 碗扣式钢管脚手架一般项目的检查评定应符合下列规定：

4. 通道

1) 架体应设置供人员上下的专用通道；

2) 专用通道的设置应符合规范要求。

第四章 《《《《《

承插型盘扣式钢管脚手架

承插型盘扣式钢管脚手架检查评分表

序号	检查项目		扣 分 标 准	应得分数	扣减分数	实得分数
1		施工方案	(1) 未编制专项施工方案或未进行结构设计计算，扣10分 (2) 专项施工方案未按规定审核、审批，扣10分	10		
2		架体基础	(1) 架体不平、不实、不符合专项施工方案要求，扣5～10分 (2) 架体立杆底部缺少垫板或垫板的规格不符合规范要求，每处扣2分 (3) 架体立杆底部未按要求设置可调底座，每处扣2分 (4) 未按规范要求设置纵、横向扫地杆，扣5～10分 (5) 未采取排水措施，扣8分	10		
3	保证项目	架体稳定	(1) 架体与建筑结构未按规范要求拉结，每处扣2分 (2) 架体底层第一步水平杆处未按规范要求设置连墙件或未采用其他可靠措施固定，每处扣2分 (3) 连墙件未采用刚性杆件，扣10分 (4) 未按规范要求设置竖向斜杆或剪刀撑，扣5分 (5) 竖向斜杆两端未固定在纵、横向水平杆与立杆汇交的盘扣节点处，每处扣2分 (6) 斜杆或剪刀撑未沿脚手架高度连续设置或角度不符合规范的要求，扣5分	10		
4		杆件设置	(1) 架体立杆间距、水平杆步距超过设计或规范要求，每处扣2分 (2) 未按专项施工方案设计的步距在立杆连接插盘处设置纵、横向水平杆，每处扣2分 (3) 双排脚手架的每步水平杆，当无挂扣钢脚手板时未按规范要求设置水平斜杆，扣5～10分	10		
5		脚手板	(1) 脚手板不满铺或铺设不牢、不稳，扣5～10分 (2) 脚手板规格或材质不符合要求，扣5～10分 (3) 采用挂扣式钢脚手板时挂钩未挂扣在水平杆上或挂钩未处于锁住状态，每处扣2分	10		
6		交底与验收	(1) 架体搭设前未进行交底或交底未有文字记录，扣5～10分 (2) 架体分段搭设、分段使用时未进行分段验收，扣5分 (3) 架体搭设完毕未办理验收手续，扣10分 (4) 验收内容未进行量化，或未经责任人签字确认，扣5分	10		
		小计		60		

续表

序号	检查项目		扣　分　标　准	应得分数	扣减分数	实得分数
7	一般项目	架体防护	(1) 架体外侧未采用密目式安全网封闭或网间连接不严，扣5～10分 (2) 作业层防护栏杆不符合规范要求，扣5分 (3) 作业层外侧未设置高度不小于180mm的挡脚板，扣3分 (4) 作业层脚手板下未采用安全平网兜底或作业层以下每隔10m未采用安全平网封闭，扣5分	10		
8		杆件连接	(1) 立杆竖向接长位置不符合要求，每处扣2分 (2) 剪刀撑的斜杆接长不符合要求，扣8分	10		
9		构配件材质	(1) 钢管、构配件的规格、型号、材质或产品质量不符合规范要求，扣5分 (2) 钢管弯曲、变形、锈蚀严重，扣10分	10		
10		通道	(1) 未设置人员上下专用通道，扣10分 (2) 专用通道设置不符合要求，扣5分	10		
		小计		40		
检查项目合计				100		

第一节 保证项目的检查评定

1. 施工方案

专项施工方案编制原则：

(1) 确保工期的原则。

(2) 合理优化、优质高效的原则。

(3) 安全第一的原则。

(4) 坚持技术先进性、科学合理性、经济实用性相结合的原则。

(5) 实施项目管理，通过对劳动力、设备、材料、资金、技术信息的优化配置，实现成本、工期、质量和社会信誉的预期目标。

承插型盘扣式钢管脚手架

【依据】《建筑施工安全检查标准》（JGJ 59—2011）

3.6.3 承插型盘扣式钢管脚手架保证项目的检查评定应符合下列规定：

1. 施工方案

1) 架体搭设应编制专项施工方案，结构设计应进行计算；

2) 专项施工方案应按规定进行审核、审批。

2. 架体基础

（1）脚手架搭设场地必须坚实、平整，排水措施得当。支架地基与基础必须结合搭设场地条件综合考虑支架承受荷载、搭设高度的情况，应按规定进行。

（2）脚手架直接支承在土层地基上时，立杆底部应设置可调底座，土层地基应采取压实、铺设块石或浇筑混凝土垫层等加固措施防止不均匀沉陷，也可在立杆底部垫设垫板，垫板的长度不宜小于 2 跨。

（3）当地基高差较大时，可利用可调底座调整立杆，使相邻立杆上安装同一根水平杆的连接盘位于同一水平面上。

承插型盘扣式钢管脚手架

【依据】《建筑施工安全检查标准》（JGJ 59—2011）

3.6.3 承插型盘扣式钢管脚手架保证项目的检查评定应符合下列规定：

2. 架体基础

1）立杆基础应按方案要求平整、夯实，并应采取排水措施；

2）立杆底部应设置垫板和可调底座，并应符合规范要求；

3）架体纵、横向扫地杆设置应符合规范要求。

3. 架体稳定

（1）连墙件必须采用可承受拉压荷载的刚性杆件，连墙件与脚手架立面及墙体应保持垂直，同一层连墙件宜在同一平面，水平间距不应大于 3 跨，与主体结构外侧面距离不宜大于 300mm。

（2）连墙件应设置在有水平杆的盘扣节点旁，连接点至盘扣节点距离不应大于 300mm；采用钢管扣件做连墙杆时，连墙杆应采用直角扣件与立杆连接。

（3）当脚手架下部暂不能搭设连墙件时，宜外扩搭设多排脚手架并设置斜杆形成外侧面斜面状附加梯形架，待上部连墙件搭设后拆除附加梯形架。

承插型盘扣式钢管脚手架

【依据】《建筑施工安全检查标准》（JGJ 59—2011）

3.6.3　承插型盘扣式钢管脚手架保证项目的检查评定应符合下列规定：

3. 架体稳定

1）架体与建筑结构拉结应符合规范要求，并应从架体底层第一步水平杆处开始设置连墙件，当该处设置有困难时应采取其他可靠措施固定；

2）架体拉结点应牢固可靠；

3）连墙件应采用刚性杆件；

4）架体竖向斜杆、剪刀撑的设置应符合规范要求；

5）竖向斜杆的两端应固定在纵、横向水平杆与立杆汇交的盘扣节点处；

6）斜杆及剪刀撑应沿脚手架高度连续设置，角度应符合规范要求。

4. 杆件设置

　　用承插型盘扣式钢管支架搭设双排脚手架时，搭设高度不宜大于24m。可根据使用要求选择架体几何尺寸，相邻水平杆步距宜选用2m，立杆纵距宜选用1.5m或1.8m且不宜大于2.1m，立杆横距宜选用0.9m或1.2m。

承插型盘扣式钢管脚手架

【依据】《建筑施工安全检查标准》（JGJ 59—2011）

3.6.3　承插型盘扣式钢管脚手架保证项目的检查评定应符合下列规定：

4. 杆件设置

1）架体立杆间距、水平杆步距应符合设计和规范要求；

2）应按专项施工方案设计的步距在立杆连接插盘处设置纵、横向水平杆；

3）当双排脚手架的水平杆未设挂扣式钢脚手板时，应按规范要求设置水平斜杆。

5. 脚手板

脚手架在搭设前，施工负责人应按安装方案结合现场作业条件进行细致的安全技术交底；脚手架搭设完毕或分段搭设完毕，应由施工负责人组织有关人员进行检查验收。验收内容应包括用数据衡量合格与否的项目。确认符合要求后，才可投入使用或进入下一阶段作业。

承插型盘扣式钢管脚手架

【依据】　《建筑施工安全检查标准》（JGJ 59—2011）

3.6.3　承插型盘扣式钢管脚手架保证项目的检查评定应符合下列规定：

5. 脚手板

1）脚手板材质、规格应符合规范要求；

2）脚手板应铺设严密、平整、牢固；

3）挂扣式钢脚手板的挂扣必须完全挂扣在水平杆上，挂钩应处于锁住状态。

6. 交底与验收

（1）搭设的架体三维尺寸应符合设计要求，斜杆和钢管剪刀撑设置应符合规定。

（2）立杆基础不应有不均匀沉降，立杆可调底座与基础面的接触不应有松动或悬空现象。

（3）连墙件设置应符合设计要求，应与主体结构、架体可靠连接。

（4）外侧安全立网、内侧层间水平网的张挂及防护栏杆的设置应齐全、牢固。

（5）周转使用的支架构配件使用前应做外观检查，并应做记录。

（6）搭设的施工记录和质量检查记录应及时、齐全。

承插型盘扣式钢管脚手架

【依据】《建筑施工安全检查标准》（JGJ 59—2011）

3.6.3 承插型盘扣式钢管脚手架保证项目的检查评定应符合下列规定：

6. 交底与验收

1）架体搭设前应进行安全技术交底，并应有文字记录；

2）架体分段搭设、分段使用时，应进行分段验收；

3）搭设完毕应办理验收手续，验收应有量化内容并经责任人签字确认。

第二节　一般项目的检查评定

1. 架体防护

（1）作业层的脚手板架体外侧应设挡脚板、防护栏杆，并应在脚手架外侧立面挂密目式安全网；防护上栏杆宜设置在离作业层高度为1000mm处，防护中栏杆宜设置在离作业层高度为500mm处。

（2）挡脚板高度不应小于180mm。

（3）当脚手架作业层与主体结构外侧面间间隙较大时，应设置挂扣于连接盘上的悬挑三脚架上，并应铺放能形成脚手架内侧封闭的脚手板。

承插型盘扣式钢管脚手架

【依据】　《建筑施工安全检查标准》（JGJ 59—2011）

3.6.4　承插型盘扣式钢管脚手架一般项目的检查评定应符合下列规定：

1. 架体防护

1）架体外侧应采用密目式安全网进行封闭，网间连接应严密；

2）作业层应按规范要求设置防护栏杆；

3）作业层外侧应设置高度不小于180mm的挡脚板；

4）作业层脚手板下应采用安全平网兜底，以下每隔10m应采用安全平网封闭。

2. 杆件连接

剪刀撑斜杆的接长应采用搭接或对接。

剪刀撑斜杆应采用旋转扣伴固定在与之相交的横向水平杆的伸长端或立杆上，旋转扣件中心线至主节点的距离不应大于150mm。

承插型盘扣式钢管脚手架

【依据】 《建筑施工安全检查标准》（JGJ 59—2011）

3.6.4 承插型盘扣式钢管脚手架一般项目的检查评定应符合下列规定：

2. 杆件连接

1) 立杆竖向接长位置应符合规范要求；

2) 剪刀撑的接长应符合规范要求。

3. 构配件材质

杆件焊接制作应在专用工艺装备上进行，各焊接部位应牢固可靠。焊丝应符合规范要求，有效焊缝高度不应小于 3.5mm。

承插型盘扣式钢管脚手架

构配件外观质量应符合以下要求：

（1）钢管应无裂纹、凹陷、锈蚀，不得采用接长钢管。

（2）钢管应平直，直线度允许偏差为管长的 1/500，两端面应平整，不得有斜口、毛刺。

（3）铸件表面应光整，不得有砂眼、缩孔、裂纹、浇冒口残余等缺陷，表面黏砂应清除干净。

（4）冲压件不得有毛刺、裂纹、氧化皮等缺陷。

（5）各焊缝有效高度应符合要求，焊缝应饱满，焊药应清除干净，不得有未焊透、夹渣、咬肉、裂纹等缺陷。

（6）可调底座和可调托座的表面宜浸漆或冷镀锌，涂层应均匀、牢固；架体杆件及其他构配件表面应热镀锌，表面应光滑，在连接处不得有毛刺、滴瘤和多余结块。

（7）主要构配件上的生产厂标识应清晰。

【依据】《建筑施工安全检查标准》（JGJ 59—2011）

3.6.4 承插型盘扣式钢管脚手架一般项目的检查评定应符合下列规定：

3. 构配件材质

1）架体构配件的规格、型号、材质应符合规范要求；

2）钢管不应有严重的弯曲、变形、锈蚀。

4. 通道

钢梯拐弯处应设置钢脚手板及扶手。

当使用专用挂扣式钢梯时,钢梯宜设置在尺寸不小于0.9m×1.8m的脚手架框架内,钢梯宽度应为廊道宽度的1/2,钢梯可在一个框架高度内折线上升。

承插型盘扣式钢管脚手架

【依据】 《建筑施工安全检查标准》(JGJ 59—2011)

3.6.4 承插型盘扣式钢管脚手架一般项目的检查评定应符合下列规定:

4. 通道

1) 架体应设置供人员上下的专用通道;

2) 专用通道的设置应符合规范要求。

第五章

满堂脚手架

满堂脚手架检查评分表

序号	检查项目		扣　分　标　准	应得分数	扣减分数	实得分数
1	保证项目	施工方案	(1) 未编制专项施工方案或未进行设计计算，扣10分 (2) 专项施工方案未按规定审核、审批，扣10分	10		
2		架体基础	(1) 架体基础不平、不实、不符合专项施工方案要求，扣5～10分 (2) 架体底部未设置垫板或垫板的规格不符合规范要求，每处扣2～5分 (3) 架体底部未按规范要求设置底座，每处扣2分 (4) 架体底部未按规范要求设置扫地杆，扣5分 (5) 未采取排水措施，扣8分	10		
3		架体稳定	(1) 架体四周与中间未按规范要求设置竖向剪刀撑或专用斜杆，扣10分 (2) 未按规范要求设置水平剪刀撑或专用水平斜杆，扣10分 (3) 架体高宽比超过规范要求时未采取与结构拉结或其他可靠的稳定措施，扣10分	10		
4		杆件锁件	(1) 架体立杆间距、水平杆步距超过设计和规范要求每处扣2分 (2) 杆件接长不符合要求，每处扣2分 (3) 架体搭设不牢或杆件节点紧固不符合要求，每处扣2分	10		
5		脚手板	(1) 脚手板未满铺或铺设不牢、不稳，扣5～10分 (2) 脚手板规格或材质不符合要求，扣5～10分 (3) 采用挂扣式钢脚手板时挂钩未挂扣在水平杆上或挂钩未处于锁住状态，每处扣2分	10		
6		交底与验收	(1) 架体搭设前未进行交底或交底未有文字记录，扣5～10分 (2) 架体分段搭设、分段使用时未进行分段验收，扣5分 (3) 架体搭设完毕未办理验收手续，扣10分 (4) 验收内容未进行量化，或未经责任人签字确认，扣5分	10		
		小计		60		

续表

序号	检查项目		扣 分 标 准	应得分数	扣减分数	实得分数
7	一般项目	架体防护	(1) 作业层防护栏杆不符合规范要求，扣5分 (2) 作业层外侧未设置高度不小于180mm挡脚板，扣3分 (3) 作业层脚手板下未采用安全平网兜底或作业层以下每隔10m未采用安全平网封闭，扣5分	10		
8		构配件材质	(1) 钢管、构配件的规格、型号、材质或产品质量不符合规范要求，扣5~10分 (2) 杆件弯曲、变形、锈蚀严重，扣10分	10		
9		荷载	(1) 架体的施工荷载超过设计和规范要求，扣10分 (2) 荷载堆放不均匀，每处扣5分	10		
10		通道	(1) 未设置人员上下专用通道，扣10分 (2) 通道设置不符合要求，扣5分	10		
		小计		40		
	检查项目合计			100		

第一节　保证项目的检查评定

1. 施工方案

搭设满堂脚手架应采用钢管或门架，并根据荷载、支撑高度、使用面积等进行结构、构造设计，编制专项施工方案，施工时严格按方案实施。

满堂脚手架

【依据】《建筑施工安全检查标准》（JGJ 59—2011）

3.7.3　满堂脚手架保证项目的检查评定应符合下列规定：

1. 施工方案

1）架体搭设应编制专项施工方案，结构设计应进行计算；

2）专项施工方案应按规定进行审核、审批。

2. 架体基础

脚手架搭设前地基要平整夯实，架基及周围不得有积水，在距脚手架外立杆外侧 0.5m 处设置一排水沟，在最低点设置积水坑，水流入坑内，用潜水泵将水排出，排水沟坡度为 3‰~5‰。以确保架基的承载能力，基槽回填土必须步步夯实后，才能做脚手架地基。

搭设满堂式脚手架时，脚手架的场地必须夯实、平整，基础结构板面混凝土强度达到设计要求 75% 以上。

满堂脚手架

【依据】《建筑施工安全检查标准》（JGJ 59—2011）

3.7.3 满堂脚手架保证项目的检查评定应符合下列规定：

2. 架体基础

1）架体基础应按方案要求平整、夯实，并应采取排水措施；

2）架体底部应按规范要求设置垫板和底座，垫板规格应符合规范要求；

3）架体扫地杆设置应符合规范要求。

3. 架体稳定

满堂脚手架立杆稳定性的计算部位：

（1）当满堂脚手架采用相同的步距、立杆纵距、立杆横距时，应计算底层立杆段。

（2）当架体的步距、立杆纵距、立杆横距有变化时，除计算底层立杆段外，还必须对出现最大步距、最大立杆纵距、最大立杆横距等部位的立杆段进行验算。

（3）当架体上有集中荷载作用时，还应计算集中荷载作用范围内受力最大的立杆段。

（4）满堂支撑架还应计算顶层立杆段。

满堂脚手架

【依据】　《建筑施工安全检查标准》（JGJ 59—2011）

3.7.3　满堂脚手架保证项目的检查评定应符合下列规定：

3. 架体稳定

1）架体四周与中部应按规范要求设置竖向剪刀撑或专用斜杆；

2）架体应按规范要求设置水平剪刀撑或水平斜杆；

3）当架体高宽比大于规范规定时，应按规范要求与建筑结构拉结或采取增加架体宽度、设置钢丝绳张拉固定等稳定措施。

4. 杆件锁件

（1）满堂脚手架的立杆间距、水平杆步距应按专项施工方案中结构设计计算结果取用，并应符合规范的构造要求。满堂脚手架各类杆件的接长应符合相应脚手架规范的要求。

（2）满堂脚手架在搭设组装过程中，应按照相应规范要求进行紧固，确保杆件连接紧密，可靠传递荷载。

满堂脚手架

【依据】《建筑施工安全检查标准》（JGJ 59—2011）

3.7.3　满堂脚手架保证项目的检查评定应符合下列规定：

4. 杆件锁件

1）架体立杆件间距、水平杆步距应符合设计和规范要求；

2）杆件的接长应符合规范要求；

3）架体搭设应牢固，杆件节点应按规范要求进行紧固。

5. 脚手板

（1）使用专用工具式钢脚手板必须带有挂钩，并带有自锁装置与横杆锁紧，严禁浮放。

（2）顶步作业层大于 2m 的缝隙应挂安全平网。

（3）在脚手板操作面的端头需要设置两道护身栏杆和高度在 200mm 以上的挡脚板，侧面还要挂置密目式安全网。

满堂脚手架

【依据】《建筑施工安全检查标准》（JGJ 59—2011）

3.7.3　满堂脚手架保证项目的检查评定应符合下列规定：

5. 脚手板

1）作业层脚手板应满铺，铺稳、铺牢；

2）脚手板的材质、规格应符合规范要求；

3）挂扣式钢脚手板的挂扣应完全挂扣在水平杆上，挂钩处应处于锁住状态。

6. 交底与验收

脚手架搭设完毕应验收以下内容:

(1) 钢管材质。

(2) 专项施工方案。

(3) 立杆基础。

(4) 支架搭设。

(5) 警示标识。

(6) 防护设施。

支架验收:

(1) 架子工是否持证上岗,高处作业是否正确使用安全带。

(2) 搭设的立杆、横杆是否有砂眼、裂纹、严重腐蚀、变形。

(3) 立杆的垂直高度偏差是否控制在架体高度的1/400内,立杆的上碗口是否缺失或有裂纹,立杆上的限位销是否完好。

(4) 底托的调节长度是否超出300mm。

(5) 竖向剪刀撑的搭设角度是否控制在45°~60°,搭接长度是否不小于1m且用不少于2个旋转扣件固定,端部扣件盖板的边缘至杆端距离是否不小于10cm。

(6) 竖向剪刀撑的间距是否超出4.5m,水平剪刀撑的间距是否超出4.8m,扫地杆的搭设是否按照方案要求设置。

(7) 剪刀撑扣件的拧紧扭力矩是否在50~60N·m内。

(8) 顶托的调节高度是否在规定范围内。

【依据】《建筑施工安全检查标准》(JGJ 59—2011)

3.7.3 满堂脚手架保证项目的检查评定应符合下列规定:

6. 交底与验收

1) 架体搭设前应进行安全技术交底,并应有文字记录;

2) 架体分段搭设、分段使用时,应进行分段验收;

3) 搭设完毕应办理验收手续,验收应有量化内容并经责任人签字确认。

第二节 一般项目的检查评定

1. 架体防护

（1）安全网必须符合规定要求，进场做防火试验后方可以使用。

（2）安全网在存放使用中，不得受有机化学物质污染或与其他可能引起磨损的物品相混。当发现污染时应进行冲洗，洗后自然干燥。使用中要防止电焊火花溅在网上。

（3）安全网拆除后要洗净捆好，放在通风、遮光、隔热的地方，禁止使用钩子搬运。

满堂脚手架

【依据】《建筑施工安全检查标准》（JGJ 59—2011）

3.7.4 满堂脚手架一般项目的检查评定应符合下列规定：

1. 架体防护

1）作业层应按规范要求设置防护栏杆；

2）作业层外侧应设置高度不小于180mm的挡脚板；

3）作业层脚手板下应采用安全平网兜底，以下每隔10m应采用安全平网封闭。

2. 构配件材质

使用的扣件应全数进行检查，不得有气孔、砂眼、裂纹、滑丝等缺陷。扣件与钢管的贴合面要严格整形，保证与钢管扣紧的接触良好，扣件夹紧钢管时，开口处的最小距离不小于 5mm，扣件的活动部位转动灵活，旋转扣件的两个旋转面间隙要小于 1mm，扣件螺栓的拧紧力矩达 60N·m 时扣件不得破坏。

每个扣件必须拧紧，并以防扣件与钢管滑落。对接扣件安装时其开口应向内，以防进雨，直角扣件安装时开口不得向下，以保证安全。

钢管有严重锈蚀、压扁或裂纹的不得使用，禁止使用有裂纹、变形、滑丝等现象的扣件或丝杠。

钢管和扣件必须具有合格证，才可使用。

满堂脚手架

【依据】《建筑施工安全检查标准》（JGJ 59—2011）

3.7.4 满堂脚手架一般项目的检查评定应符合下列规定：

2. 构配件材质

1）架体构配件的规格、型号、材质应符合规范要求；

2）杆件的弯曲、变形和锈蚀应在规范允许范围内。

3. 荷载

（1）可变荷载包含施工荷载和风荷载。

（2）满堂脚手架规定了用于轻型钢结构及空间网格结构施工的均布荷载最低值为 $2.0kN/m^2$，用于普通钢结构施工的均布荷载最低值为 $3.0kN/m^2$。

架体上的荷载应根据实际情况确定。其永久荷载包含架体结构的自重,构配件的重量和架体所承托的支承梁、板的重量。

立杆的轴力设计值根据立杆的负担面积计算并组合求得。

满堂脚手架

【依据】《建筑施工安全检查标准》（JGJ 59—2011）

3.7.4　满堂脚手架一般项目的检查评定应符合下列规定：

3. 荷载

1）架体上的施工荷载应符合设计和规范要求；

2）施工均布荷载、集中荷载应在设计允许范围内。

4. 通道

（1）上下人员专用通道宽度宜大于 1.2m，斜道坡度尽可能控制在 30°以下，每步须设置防滑条，外设二道防护栏杆，挂安全立网、设剪刀撑。

（2）上料通道四周应设 1m 高的防护栏杆，上下架应设斜道或扶梯，不准攀登脚手架杆上下。

上下人通道

【依据】《建筑施工安全检查标准》（JGJ 59—2011）

3.7.4 满堂脚手架一般项目的检查评定应符合下列规定：

4. 通道

1）架体应设置供人员上下的专用通道；

2）专用通道的设置应符合规范要求。

第六章

悬挑式脚手架

悬挑式脚手架检查评分表

序号	检查项目		扣　分　标　准	应得分数	扣减分数	实得分数
1		施工方案	(1) 未编制专项施工方案或未进行结构设计计算，扣10分 (2) 专项施工方案未按规定审核、审批，扣10分 (3) 架体搭设超过规范允许高度，专项施工方案未按规定组织专家论证，扣10分	10		
2		悬挑钢梁	(1) 钢梁截面高度未按设计确定或截面形式不符合设计和规范要求，扣10分 (2) 钢梁固定段长度小于悬挑长度的1.25倍，扣5分 (3) 钢梁外端未设置钢丝绳或钢拉杆与上一层建筑结构拉结，每处扣2分 (4) 钢梁与建筑结构锚固处结构强度、锚固措施不符合设计和规范要求，扣5~10分 (5) 钢梁间距未按悬挑架体立杆纵距设置，扣5分	10		
3	保证项目	架体稳定	(1) 立杆底部与悬挑钢梁连接处未采取可靠固定措施，每处扣2分 (2) 承插式立杆接长未采取螺栓或销钉固定，每处扣2分 (3) 纵横向扫地杆的设置不符合规范要求，扣5~10分 (4) 未在架体外侧设置连续式剪刀撑，扣10分 (5) 未按规定设置横向斜撑，扣5分 (6) 架体未按规定与建筑结构拉结，每处扣5分	10		
4		脚手板	(1) 脚手板规格、材质不符合要求，扣5~10分 (2) 脚手板未满铺或铺设不严、不牢、不稳，扣5~10分	10		
5		荷载	(1) 脚手架施工荷载超过设计规定，扣10分 (2) 施工荷载堆放不均匀，每处扣5分	10		
6		交底与验收	(1) 架体搭设前未进行交底或交底未有文字记录，扣5~10分 (2) 架体分段搭设、分段使用时未进行分段验收，扣6分 (3) 架体搭设完毕未办理验收手续，扣10分 (4) 验收内容未进行量化，或未经责任人签字确认，扣5分	10		
		小计		60		

续表

序号	检查项目		扣 分 标 准	应得分数	扣减分数	实得分数
7		杆件间距	(1) 立杆间距、纵向水平杆步距超过设计或规范要求，每处扣2分 (2) 未在立杆与纵向水平杆交点处设置横向水平杆，每处扣2分 (3) 未按脚手板铺设的需要增加设置横向水平杆，每处扣2分	10		
8	一般项目	架体防护	(1) 作业层防护栏杆不符合规范要求，扣5分 (2) 作业层架体外侧未设置高度不小于180mm的挡脚板，扣3分 (3) 架体外侧未采用密目式安全网封闭或网间连接不严，扣5～10分	10		
9		层间防护	(1) 作业层脚手板下未采用安全平网兜底或作业层以下每隔10m未采用安全平网封闭，扣5分 (2) 作业层与建筑物之间未进行封闭，扣5分 (3) 架体底层沿建筑结构边缘，悬挑钢梁与悬挑钢梁之间未采取封闭措施或封闭不严，扣2～8分 (4) 架体底层未进行封闭或封闭不严，扣2～10分	10		
10		构配件材质	(1) 型钢、钢管、构配件规格及材质不符合规范要求，扣5～10分 (2) 型钢、钢管、构配件弯曲、变形、锈蚀严重，扣10分	10		
	小计			40		
检查项目合计				100		

第一节　保证项目的检查评定

1. 施工方案

（1）搭设悬挑式脚手架应编制专项施工方案，方案内容应包括：工程概况、编制依据、架体选型、架体构配件要求、架体搭设施工方法（型钢锚固、杆件间距、连墙件位置、连接方法及有关详图）、架体搭设、拆除安全技术措施、型钢挑梁、连墙件及各受力杆件设计计算等内容。

（2）悬挑高度 20m 及以上的悬挑式脚手架应根据现场实际工况进行专门设计计算，形成的专项施工方案必须经过有关技术专家的论证审核，方案依照论证结果整改合格后，方可组织实施。

（3）搭设悬挑式脚手架编制的专项施工方案应经单位技术负责人审核、审批后方可实施。

悬挑式脚手架

【**依据**】《建筑施工安全检查标准》（JGJ 59—2011）

3.8.3　悬挑式脚手架保证项目的检查评定应符合下列规定：

1. 施工方案

1）架体搭设应编制专项施工方案，结构设计应进行计算；

2）架体搭设超过规范允许高度，专项施工方案应按规定组织专家论证；

3）专项施工方案应按规定进行审核、审批。

2. 悬挑钢梁

（1）型钢悬挑梁宜采用双轴对称截面的型钢，型号尺寸及锚固件应由设计计算确定；若选用工字钢，其截面高度不应小于160mm。

（2）悬挑钢梁悬挑长度应按设计计算确定，固定段长度不宜小于悬挑段长度的1.25倍。

（3）锚固型钢悬挑梁的U形钢筋拉环或锚固螺栓直径不宜小于16mm，U形钢筋拉环或螺栓应采用冷弯成型，拉环、螺栓与型钢间的空隙应使用硬木楔紧固。

（4）当型钢挑梁与建筑结构采用螺栓钢压板连接固定时，钢压板尺寸不应小于100mm×100mm×10mm；当采用螺栓角钢板连接固定时，角钢板的规格不应小于63mm×63mm×6mm。

（5）型钢挑梁固定在楼板上时，楼板的厚度不宜小于120mm。如果厚度小于120mm，必须采取相应的加固措施。锚固型钢时，主体结构混凝土强度等级不得低于C20。

（6）每个型钢悬挑梁外端应设置钢丝绳或钢拉杆与上层建筑结构斜拉结，钢丝绳或钢拉杆的水平夹角不应小于45°。斜拉钢丝绳直径不得小于14mm，绳端固定使用的绳卡数量不得少于3个，且绳卡的鞍部均位于长绳一侧，不得交错布置。

（7）悬挑钢梁间距应按悬挑脚手架架体立杆纵距设置，确保每一纵距设置一根悬挑钢梁。

【依据】《建筑施工安全检查标准》（JGJ 59—2011）

3.8.3 悬挑式脚手架保证项目的检查评定应符合下列规定：

2. 悬挑钢梁

1）钢梁截面尺寸应经设计计算确定，且截面形式应符合设计和规范要求；

2）钢梁锚固端长度不应小于悬挑长度的1.25倍；

3）钢梁锚固处结构强度、锚固措施应符合设计和规范要求；

4）钢梁外端应设置钢丝绳或钢拉杆与上层建筑结构拉结；

5）钢梁间距应按悬挑架体立杆纵距设置。

3. 架体稳定

（1）悬挑架体立杆的底部应防止在悬挑钢梁的定位点上，定位点可以采用竖直焊接长度 20mm、直径 25～30mm 的钢筋或短管制作。

（2）如果搭设悬挑架体使用的是碗扣架、承插型盘扣脚手架，其立杆在套接接长时，必须将套接部分的销钉或螺栓固定，防止悬挑架体在使用中受荷载影响在上下振动中发生立杆的拔脱。

（3）悬挑脚手架立杆底部的扫地杆设置应符合相应架体规范的要求，并应在规定允许范围内适当程度地降低扫地杆高度，以便于底层架体的铺板防护。

（4）悬挑脚手架外立面应沿架体高度和宽度方向连续设置竖向剪刀撑，设置角度以 45°～60°为宜，贯串主节点部位。

（5）对于开口型悬挑脚手架，其架体两端必须设置通高的横向斜撑。

（6）连墙件位置应在专项施工方案中确定，并绘制布设位置简图及细部做法详图，不得在搭设作业中随意设置，严禁在架体使用期间拆除连墙件。连墙件应靠近主节点并从第一步纵向水平杆处开始设置，是由于第一步立柱所承受的轴向力最大，在该处设置连墙件就等同于给立杆增设了一个支座，这是从构造上保证脚手架立杆局部稳定性的重要措施之一。

【依据】《建筑施工安全检查标准》（JGJ 59—2011）

3.8.3 悬挑式脚手架保证项目的检查评定应符合下列规定：

3. 架体稳定

1）立杆底部应与钢梁连接柱固定；

2）承插式立杆接长应采用螺栓或销钉固定；

3）纵横向扫地杆的设置应符合规范要求；

4）剪刀撑应沿悬挑架体高度连续设置，角度应为 45°～60°；

5）架体应按规定设置横向斜撑；

6）架体应采用刚性连墙件与建筑结构拉结，设置的位置、数量应符合设计和规范要求。

4. 脚手板

挑架层满铺脚手片,脚手片须用不小于18号的铅丝双股并联绑扎不小于4点,要求牢固,交接处平整,无探头板,不留空隙,脚手片应保证完好无损,破损的应及时更换。

悬挑式脚手架

【依据】《建筑施工安全检查标准》(JGJ 59—2011)

3.8.3 悬挑式脚手架保证项目的检查评定应符合下列规定:

4. 脚手板

1) 脚手板材质、规格应符合规范要求;

2) 脚手板铺设应严密、牢固,探出横向水平杆长度不应大于150mm。

5. 荷载

（1）施工荷载应均匀堆放，并且不超过 3.0kN/m²。

（2）建筑垃圾或不用的物料必须及时清除。

悬挑式脚手架

【依据】《建筑施工安全检查标准》（JGJ 59—2011）

3.8.3 悬挑式脚手架保证项目的检查评定应符合下列规定：

5. 荷载

架体上施工荷载应均匀，并不应超过设计和规范要求。

6. 交底与验收

（1）脚手架搭设、拆除作业前，施工负责人应按照专项施工方案及有关规范要求，结合施工现场作业条件和队伍情况，做详细的安全技术交底，交底应形成书面文字记录并由相关责任人签字确认。

（2）脚手架在搭设、使用阶段应进行相应的验收检查，确认符合要求后，才可进行下一步作业或投入使用。

（3）架体验收内容应依据专项施工方案及规范要求进行制定，以数据形式精准地反映检验结果为宜，验收结果应经相关责任人签字确认。

在下列阶段应对脚手架进行检查：
（1）基础完工后及脚手架搭设前。
（2）作业层上施加荷载前。
（3）每搭设完6～8m高度后。
（4）达到设计高度后。
（5）遇有六级强风及以上风或大雨后，冻结地区解冻后。
（6）停用超过一个月。

悬挑式脚手架

【依据】《建筑施工安全检查标准》（JGJ 59—2011）

3.8.3 悬挑式脚手架保证项目的检查评定应符合下列规定：

6. 交底与验收

1）架体搭设前应进行安全技术交底，并应有文字记录；

2）架体分段搭设、分段使用时，应进行分段验收；

3）搭设完毕应办理验收手续，验收应有量化内容并经责任人签字确认。

第二节　一般项目的检查评定

1. 杆件间距

（1）悬挑脚手架立杆纵、横向间距，纵向水平杆步距应符合方案设计和相关规范要求。

（2）作业层上非主节点部位增设横向水平杆，宜根据支承脚手板的需要等间距设置，保证最大间距不应大于立杆纵距的 1/2。

悬挑式脚手架

【依据】《建筑施工安全检查标准》（JGJ 59—2011）

3.8.4　悬挑式脚手架一般项目的检查评定应符合下列规定：

1. 杆件间距

1）立杆纵、横向间距，纵向水平杆步距应符合设计和规范要求；

2）作业层应按脚手板铺设的需要增加横向水平杆。

2. 架体防护

（1）挑架外侧必须用建设主管部门认证的合格的密目式安全网封闭围护，安全网用不小于 18 号的铅丝张挂严密。且应将安全网挂在挑架立杆里侧，不得将网围在各杆件外侧。

（2）挑架与建筑物间距大于 20cm 处，铺设脚手板。除挑架外侧、施工层设置 1.2m 高防护栏杆和 18cm 高踢脚杆外，挑架里侧遇到临边时（如大开间窗、门洞等）时，也应进行相应的防护。

铺设密目式安全网

【依据】《建筑施工安全检查标准》（JGJ 59—2011）

3.8.4　悬挑式脚手架一般项目的检查评定应符合下列规定：

2. 架体防护

1）作业层应按规范要求设置防护栏杆；

2）作业层外侧应设置高度不小于 180mm 的挡脚板；

3）架体外侧应采用密目式安全网封闭，网间连接应严密。

挑架作业层和底层应用合格的安全网或采取其他措施进行分段封闭式防护。

悬挑式脚手架

3. 层间防护

脚手架中各层均应设置护栏和挡脚板。脚手架外侧和底面用密目式安全网封闭，架子与建筑物要保留必要的通道。

悬挑式脚手架

【依据】《建筑施工安全检查标准》（JGJ 59—2011）

3.8.4　悬挑式脚手架一般项目的检查评定应符合下列规定：

3. 层间防护

1）架体作业层脚手板下应采用安全平网兜底，以下每隔10m应采用安全平网封闭；

2）作业层里排架体与建筑物之间应采用脚手板或安全平网封闭；

3）架体底层沿建筑结构边缘在悬挑钢梁与悬挑钢梁之间应采取措施封闭；

4）架体底层应进行封闭。

4. 构配件材质

（1）钢管脚手架应选用外径 48mm，壁厚 3.5mm 的 20 号钢管，表面平整光滑，无锈蚀、裂纹、分层、压痕、划道和硬弯，新用钢管有出厂合格证。搭设架子前应进行保养、除锈，并统一涂色，颜色应力求环境美观。

（2）钢管脚手架搭设使用的扣件应符合要求，有扣件生产许可证，规格与钢管匹配，采用可锻铸铁，不得有裂纹、气孔、缩松、砂眼等锻造缺陷，贴和面应平整，活动部位灵活，夹紧钢管时开口处最小距离不小于 5mm。

（3）型钢宜采用 20 号槽钢或工字钢。

悬挑脚手架使用型钢挑梁、构配件的规格、型号、材质应符合相应规范的具体要求。

悬挑式脚手架

【依据】《建筑施工安全检查标准》（JGJ 59—2011）

3.8.4 悬挑式脚手架一般项目的检查评定应符合下列规定：

4. 构配件材质

1）型钢、钢管、构配件规格、材质应符合规范要求；

2）型钢、钢管弯曲、变形、锈蚀应在规范允许范围内。

第七章

附着式升降脚手架

附着式升降脚手架检查评分表

序号	检查项目		扣　分　标　准	应得分数	扣减分数	实得分数
1		施工方案	(1) 未编制专项施工方案或未进行设计计算，扣10分 (2) 专项施工方案未按规定审核、审批，扣10分 (3) 脚手架提升超过规定允许高度，专项施工方案未按规定组织专家论证，扣10分	10		
2		安全装置	(1) 未采用防坠落装置或技术性能不符合规范要求，扣10分 (2) 防坠落装置与升降设备未分别独立固定在建筑结构上，扣10分 (3) 防坠落装置未设置在竖向主框架处并与建筑结构附着，扣10分 (4) 未安装防倾覆装置或防倾覆装置不符合规范要求，扣5～10分 (5) 升降或使用工况，最上和最下两个防倾装置之间的最小间距不符合规范要求，扣8分 (6) 未安装同步控制装置或技术性能不符合规范要求，扣5～8分	10		
3	保证项目	架体构造	(1) 架体高度大于5倍楼层高，扣10分 (2) 架体宽度大于1.2m，扣5分 (3) 直线布置的架体支承跨度大于7m或折线、曲线布置的架体支承跨度大于5.4m，扣8分 (4) 架体的水平悬挑长度大于2m或大于跨度1/2，扣10分 (5) 架体悬臂高度大于架体高度2/5或大于6m，扣10分 (6) 架体全高与支撑跨度的乘积大于110m^2，扣10分	10		
4		附着支座	(1) 未按竖向主框架所覆盖的每个楼层设置一道附着支座，扣10分 (2) 使用工况未将竖向主框架与附着支座固定，扣10分 (3) 升降工况未将防倾、导向装置设置在附着支座上，扣10分 (4) 附着支座与建筑结构连接固定方式不符合规范要求，扣5～10分	10		
5		架体安装	(1) 主框架及水平支承桁架的节点未采用焊接或螺栓连接，扣10分 (2) 各杆件轴线未交汇于节点，扣3分 (3) 水平支承桁架的上弦及下弦之间设置的水平支撑杆件未采用焊接或螺栓连接，扣5分 (4) 架体立杆底端未设置在水平支承桁架上弦杆的节点处，扣10分 (5) 竖向主框架组装高度不等于架体高度，扣5分 (6) 架体外立面设置的连续剪刀撑未将竖向主框架、水平支承桁架和架体构架连成一体，扣8分	10		
6		架体升降	(1) 两跨以上架体升降采用手动升降设备，扣10分 (2) 升降工况附着支座与建筑结构连接处混凝土强度未达到设计和规范要求，扣10分 (3) 升降工况架体上有施工荷载或有人员停留，扣10分	10		
		小计		60		

续表

序号	检查项目		扣　分　标　准	应得分数	扣减分数	实得分数
7		检查验收	(1) 主要构配件进场未进行验收，扣6分 (2) 分区段安装、分区段使用时未进行分区段验收，扣8分 (3) 架体搭设完毕未办理验收手续，扣10分 (4) 验收内容未进行量化，或未经责任人签字确认，扣5分 (5) 架体提升前未有检查记录，扣6分 (6) 架体提升后、使用前未履行验收手续或资料不全，扣2～8分	10		
8	一般项目	脚手板	(1) 脚手板未满铺或铺设不严、不牢，扣3～5分 (2) 作业层与建筑结构之间空隙封闭不严，扣3～5分 (3) 脚手板规格、材质不符合要求，扣5～10分	10		
9		架体防护	(1) 脚手架外侧未采用密目式安全网封闭或网间连接不严，扣5～10分 (2) 作业层防护栏杆不符合规范要求，扣5分 (3) 作业层未设置高度不小于180mm的挡脚板，扣3分	10		
10		安全作业	(1) 操作前未向有关技术人员和作业人员进行安全技术交底或交底未有文字记录，扣5～10分 (2) 作业人员未经培训或未定岗定责，扣5～10分 (3) 安装拆除单位资质不符合要求或特种作业人员未持证上岗，扣5～10分 (4) 安装、升降、拆除时未设置安全警戒区及专人监护，扣10分 (5) 荷载不均匀或超载，扣5～10分	10		
		小计		40		
检查项目合计				100		

第一节　保证项目的检查评定

1. 施工方案

（1）搭设附着式升降脚手架安装前，应根据工程结构、施工环境等特点编制专项施工方案，方案内容应包括：工程概况、编制依据、架体选型、架体构配件要求、架体搭设施工方法（附着支撑结构、杆件间距、安全装置、连接方法、特殊部位加固措施及有关详图、搭拆作业工序和安全技术措施）、附着支撑结构、竖向主框架、水平支承桁架及脚手架部分各受力杆件设计计算等内容。

（2）附着式升降脚手架的专项施工方案由分包单位编制完成，需经附着式升降脚手架施工单位技术负责人审批，加盖公章，报总包单位技术负责人及项目总监理工程师审核。

（3）提升高度超过150m的附着式升降脚手架，必须由总包单位组织专家进行论证。专项施工方案必须在提升架安装前编制、审批完成。

附着式升降脚手架

【依据】《建筑施工安全检查标准》（JGJ 59—2011）

3.9.3　附着式升降脚手架保证项目的检查评定应符合下列规定：

1. 施工方案

1）附着式升降脚手架搭设作业应编制专项施工方案，结构设计应进行计算；

2）专项施工方案应按规定进行审核、审批；

3）脚手架提升超过规定允许高度，应组织专家对专项施工方案进行论证。

2. 安全装置

（1）两跨及以上架体整体升降作业，应安装荷载限制装置，当动力装置荷载超过设计值的 15％时，应自动报警并显示超载机位，当超过 30％时，应自动停机。荷载限制装置的精度不应大于 5％。

（2）单跨架体升降作业，应安装升降同步控制装置，当水平高差达到 30mm 时，应能自动停机报警。

（3）采用液压升降的附着式升降脚手架，应在液压系统中增加流量或速度等控制装置。以达到同步控制，不得采用在架体上附加重量的措施控制同步。

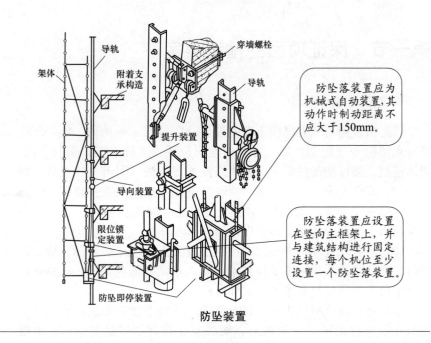

防坠装置应为机械式自动装置，其动作时制动距离不应大于150mm。

防坠落装置应设置在竖向主框架上，并与建筑结构进行固定连接，每个机位至少设置一个防坠落装置。

防坠装置

【依据】《建筑施工安全检查标准》（JGJ 59—2011）

3.9.3　附着式升降脚手架保证项目的检查评定应符合下列规定：

2. 安全装置

1）附着式升降脚手架应安装防坠落装置，技术性能应符合规范要求；

2）防坠落装置与升降设备应分别独立固定在建筑结构上；

3）防坠落装置应设置在竖向主框架处，与建筑结构附着；

4）附着式升降脚手架应安装防倾覆装置，技术性能应符合规范要求；

5）升降和使用工况时，最上和最下两个防倾装置之间最小间距应符合规范要求；

6）附着式升降脚手架应安装同步控制装置，并应符合规范要求。

3. 架体构造

附着式升降脚手架高度不应大于5倍楼层高层，宽度不应大于1.2m。

架体悬臂高度不应大于架体高度的2/5，且不大于6m是架体的主要构造参数。架体制造厂商及安装、使用单位均应严格执行。

架体水平悬挑长度不应大于2m，且不应大于跨度的1/2。

附着式升降脚手架

【依据】《建筑施工安全检查标准》(JGJ 59—2011)

3.9.3　附着式升降脚手架保证项目的检查评定应符合下列规定：

3. 架体构造

1）架体高度不应大于5倍楼层高度，宽度不应大于1.2m；

2）直线布置的架体支承跨度不应大于7m，折线、曲线布置的架体支撑点处的架体外侧距离不应大于5.4m；

3）架体水平悬挑长度不应大于2m，且不应大于跨度的1/2；

4）架体悬臂高度不应大于架体高度的2/5，且不应大于6m；

5）架体高度与支承跨度的乘积不应大于110m²。

4. 附着支座

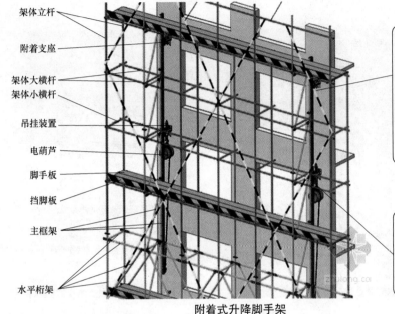

架体立杆

附着支座

架体大横杆

架体小横杆

吊挂装置

电葫芦

脚手板

挡脚板

主框架

水平桁架

附着式升降脚手架

> 附着支座应采用螺栓与建筑物锚固连接，受拉螺栓的螺母不得少于两个并应加装弹簧垫圈的防退措施，螺杆露出螺母端部的长度不应小于 3 扣，并不得小于 10mm；垫板尺寸应由设计确定，且不应小于 100mm×100mm×100mm。

> 应在竖向主框架所覆盖的每一楼层处设置一道附墙支座。附墙支座设置前，楼层应浇筑混凝土且强度应达到要求。

【依据】《建筑施工安全检查标准》（JGJ 59—2011）

3.9.3 附着式升降脚手架保证项目的检查评定应符合下列规定：

4. 附着支座

1) 附着支座数量、间距应符合规范要求；

2) 使用工况应将竖向主框架与附着支座固定；

3) 升降工况应将防倾、导向装置设置在附着支座上；

4) 附着支座与建筑结构连接固定方式应符合规范要求。

5. 架体安装

附着式升降脚手架

（1）竖向主框架及水平支承桁架的杆件节点应采用焊接或螺栓连接的方式进行拼装组合，连接时各杆件的轴线应汇交在节点部位；如未汇交于一点，应单独进行附加弯矩验算，并采取局部补强措施。

（2）内外两片水平支承桁架的上弦和下弦之间应设置水平支撑杆件，其各节点应采用焊接或螺栓连接。架体立杆底端应设置在水平桁架上弦杆的节点处，以保证架体受力合理。

（3）架体外立面应沿全高连续设置剪刀撑，并应将竖向主框架、水平支承桁架和架体构架连成一体，剪刀撑角度为45°～60°并与所覆盖架体构架上每个主节点的立杆或横向水平杆伸出端用扣件连接扣紧，悬挑端应以竖向主框架为中心成对设置对称斜拉杆，其角度不应小于45°。

【依据】《建筑施工安全检查标准》（JGJ 59—2011）

3.9.3　附着式升降脚手架保证项目的检查评定应符合下列规定：

5. 架体安装

1）主框架和水平支承桁架的节点应采用焊接或螺栓连接，各杆件的轴线应汇交于节点；

2）内外两片水平支承桁架的上弦和下弦之间应设置水平支撑杆件，各节点应采用焊接或螺栓连接；

3）架体立杆底端应设在水平桁架上弦杆的节点处；

4）竖向主框架组装高度应与架体高度相等；

5）剪刀撑应沿架体高度连续设置，并应将竖向主框架、水平支承桁架和架体构架连成一体，剪刀撑斜杆水平夹角应为45°～60°。

脚手架、模板、高处作业施工安全

6. 架体升降

单跨架体升降作业时，允许采用手动升降设备；多跨或整体式附着式升降脚手架，必须采用电动或液压升降动力设备。

升降工况下，附着支座处的建筑结构混凝土强度必须达到设计值及规范要求，且不得小于C10。

附着式升降脚手架

升降或吊装过程中，严禁作业人员在架体上停留或作业，且升降过程中不得在架体上施加任何施工荷载，并解除影响升降作业的所有约束，以保证升降过程的平稳安全。

【依据】《建筑施工安全检查标准》(JGJ 59—2011)

3.9.3 附着式升降脚手架保证项目的检查评定应符合下列规定：

6. 架体升降

1) 两跨以上架体同时升降应采用电动或液压动力装置，不得采用手动装置；

2) 升降工况附着支座处建筑结构混凝土强度应符合设计和规范要求；

3) 升降工况架体上不得有施工荷载，严禁人员在架体上停留。

第二节 一般项目的检查评定

1. 检查验收

（1）附着式升降脚手架各种构配件、动力装置及安全装置在进场组装前，必须按照有关规范的要求进行逐一的验收检查，确保架体构配件完好齐全，动力装置及安全装置性能良好，以保证提升架体的装拆及使用安全。

（2）对于分区段安装、使用的附着式升降脚手架应进行相应的验收检查，确认符合要求后，才可进行下一步作业或投入使用。

（3）附着式升降脚手架在整体安装完毕后应进行整体验收，并对验收项目实施量化考核，相关责任人应对形成的文字验收结果签字确认。

（4）架体每次升、降作业前应按照规范有关要求进行安全检查，并填写相关的验收记录。

> 在下列阶段应对脚手架进行检查：
> （1）首次安装完毕。
> （2）提升或下降前。
> （3）提升、下降到位，投入使用前。

附着式升降脚手架

【依据】《建筑施工安全检查标准》（JGJ 59—2011）

3.9.4 附着式升降脚手架一般项目的检查评定应符合下列规定：

1. 检查验收

1）动力装置、主要结构构配件进场应按规定进行验收；

2）架体分区段安装、分区段使用时，应进行分区段验收；

3）架体安装完毕应按规定进行整体验收，验收应有量化内容并经责任人签字确认；

4）架体每次升、降前应按规定进行检查，并应填写检查记录。

2. 脚手板

（1）架体在高度 10m 内必须有一次全封闭。

（2）脚手板离建筑物之间缝隙不应大于 15cm，脚手板与脚手板之间的缝隙不应大于 5cm。

（3）作业层应满铺脚手板，作业层下方应有一层脚手板或安全平网防护层。

附着式升降脚手架

【依据】《建筑施工安全检查标准》（JGJ 59—2011）

3.9.4 附着式升降脚手架一般项目的检查评定应符合下列规定：

2. 脚手板

1）脚手板应铺设严密、平整、牢固；

2）作业层里排架体与建筑物之间应采用脚手板或安全平网封闭；

3）脚手板材质、规格应符合规范要求。

3. 架体防护

（1）当架体遇到塔式起重机、施工升降机、物料平台需断开或开洞时，断开处应加设栏杆和封闭，开口处应有可靠的防止人员及物料坠落的措施。

（2）防护层不应离作业层太远，一般防护层不超过一层高度。架体外侧必须用安全立网封严，并在安全立网内侧满挂一层钢丝网或塑料网，防止人、物坠落。

附着式升降脚手架局部

附着式升降脚手架局部

【依据】《建筑施工安全检查标准》（JGJ 59—2011）

3.9.4 附着式升降脚手架一般项目的检查评定应符合下列规定：

3. 架体防护

1）架体外侧应采用密目式安全网封闭，网间连接应严密；

2）作业层应按规范要求设置防护栏杆；

3）作业层外侧应设置高度不小于 180mm 的挡脚板。

4. 安全作业

（1）附着式升降脚手架安装、升降、使用、拆除等作业前，应向有关作业人员进行安全教育并下达安全技术交底，交底应留有文字记录。

（2）附着式升降脚手架专业施工作业人员应经专门培训，定岗作业。

（3）安装拆除单位应具有相应资质等级，特种作业人员应经专门培训并应经建设行政主管部门考核合格，取得特种作业操作资格证书后，方可上岗作业。

（4）架体安装、升降、拆除时应设置作业安全警戒区域（围栏、警示标志），并设置专人进行监护，非操作人员不得入内。

（5）架体在使用阶段，施工荷载应分布均匀，禁止集中堆载，各类荷载均应在规范及设计计算允许范围内。

安全检查

【依据】《建筑施工安全检查标准》（JGJ 59—2011）

3.9.4 附着式升降脚手架一般项目的检查评定应符合下列规定：

4. 安全作业

1）操作前应对有关技术人员和作业人员进行安全技术交底，并应有文字记录；

2）作业人员应经培训并定岗作业；

3）安装拆除单位资质应符合要求，特种作业人员应持证上岗；

4）架体安装、升降、拆除时应设置安全警戒区，并应设置专人监护；

5）荷载分布应均匀，荷载最大值应在规范允许范围内。

第八章

高处作业吊篮

高处作业吊篮检查评分表

序号	检查项目		扣 分 标 准	应得分数	扣减分数	实得分数
1		施工方案	(1) 未编制专项施工方案或未对吊篮支架支撑处结构的承载力进行验算，扣10分 (2) 专项施工方案未按规定审核、审批，扣10分	10		
2		安全装置	(1) 未安装防坠安全锁或安全锁失灵，扣10分 (2) 防坠安全锁超过标定期限仍在使用，扣10分 (3) 未设置挂设安全带专用安全绳及安全锁扣或安全绳未固定在建筑物可靠位置，扣10分 (4) 吊篮未安装上限位装置或限位装置失灵，扣10分	10		
3	保证项目	悬挂机构	(1) 悬挂机构前支架支撑在建筑物女儿墙上或挑檐边缘，扣10分 (2) 前梁外伸长度不符合产品说明书规定，扣10分 (3) 前支架与支撑面不垂直或脚轮受力，扣10分 (4) 上支架未固定在前支架调节杆与悬挑梁连接的节点处，扣5分 (5) 使用破损的配重块或采用其他替代物，扣10分 (6) 配重块未固定或重量不符合设计规定，扣10分	10		
4		钢丝绳	(1) 钢丝绳有断丝、松股、硬弯、锈蚀或有油污附着物，扣10分 (2) 安全钢丝绳规格、型号与工作钢丝绳不相同或未独立悬挂，扣10分 (3) 安全钢丝绳不悬垂，扣10分 (4) 电焊作业时未对钢丝绳采取保护措施，扣5～10分	10		
5		安装作业	(1) 吊篮平台组装长度不符合产品说明书和规范要求，扣10分 (2) 吊篮组装的构配件不是同一生产厂家的产品，扣5～10分	10		
6		升降作业	(1) 操作升降人员未经培训合格，扣10分 (2) 吊篮内作业人员数量超过2人，扣10分 (3) 吊篮内作业人员未将安全带用安全锁扣挂置在独立设置的专用安全绳上，扣10分 (4) 作业人员未从地面进出吊篮，扣5分	10		
		小计		60		

续表

序号	检查项目		扣 分 标 准	应得分数	扣减分数	实得分数
7	一般项目	交底与验收	(1) 未履行验收程序，验收表未经责任人签字确认，扣5～10分 (2) 验收内容未进行量化，扣5分 (3) 每天班前、班后未进行检查，扣5分 (4) 吊篮安装、使用前未进行交底或交底未留有文字记录，扣5～10分	10		
8		安全防护	(1) 吊篮平台周边的防护栏杆或挡脚板的设置不符合规范要求，扣5～10分 (2) 多层或立体交叉作业未设置防护顶板，扣8分	10		
9		吊篮稳定	(1) 吊篮作业未采取防摆动措施，扣5分 (2) 吊篮钢丝绳不垂直或吊篮距建筑物空隙过大，扣5分	10		
10		荷载	(1) 施工荷载超过设计规定，扣10分 (2) 荷载堆放不均匀，扣5分	10		
		小计		40		
检查项目合计				100		

第一节　保证项目的检查评定

1. 施工方案

（1）高处作业吊篮安装前，应根据工程结构、施工环境等特点，并结合吊篮产品说明书和相关规范、规定的要求，编制专项施工方案，方案内容应包括：编制依据、工程概况、吊篮选型和吊篮安装、使用、拆除过程中的安全技术措施及要求，绘制吊篮平台和吊篮悬挂机构平面布置图及特殊部位处置措施的构造详图，附吊篮悬挂机构前后支点处的屋面或楼面结构承载能力的验算等计算书内容。

（2）安拆高处作业吊篮编制的专项施工方案应经单位技术负责人审核、审批后方可实施。

高处作业吊篮

【**依据**】《建筑施工安全检查标准》（JGJ 59—2011）

3.10.3　高处作业吊篮保证项目的检查评定应符合下列规定：

1. 施工方案

1）吊篮安装作业应编制专项施工方案，吊篮支架支撑处的结构承载力应经过验算；

2）专项施工方案应按规定进行审核、审批。

2. 安全装置

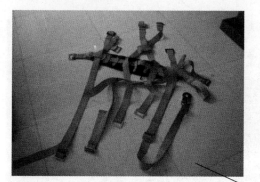

安全绳与锁扣

防附安全锁的技术参数应与吊篮匹配，离心触发式安全锁的制动距离不应大于200mm。摆臂式防倾安全锁，当吊篮纵向倾角接近8°时，应能制停吊篮。安全锁必须在有效标定期限内使用，有效标定期限不应大于1年。

吊篮应设置为作为人员挂设安全带专用的安全绳和安全锁扣，安全锁扣与安全绳应匹配，安全锁扣的配件应齐全、完好，安全绳应符合规定。作业时安全绳应固定在建筑物可靠位置上，且不得与吊篮连接。

高处作业吊篮

【依据】《建筑施工安全检查标准》（JGJ 59—2011）

3.10.3 高处作业吊篮保证项目的检查评定应符合下列规定：

2. 安全装置

1）吊篮应安装防坠安全锁，并应灵敏有效；

2）防坠安全锁不应超过标定期限；

3）吊篮应设置为作业人员挂设安全带专用的安全绳和安全锁扣，安全绳应固定在建筑物可靠位置上，不得与吊篮上的任何部位连接；

4）吊篮应安装上限位装置，并应保证限位装置灵敏可靠。

3. 悬挂机构

悬挑机构前支架应与支撑面保持垂直，前支架脚轮不得受力。

严禁将悬挂机构前支架支撑在女儿墙、挑檐等处，必须时应对悬挂机构的支架重新设计计算，必要时应对专项施工方案进行论证审核。

上支架应固定在前支架调节杆与悬挑梁连接的节点处，并保证上支架与前支架调节杆同轴同心，使悬挑梁的受力更合理。

吊篮悬挂机构

【依据】《建筑施工安全检查标准》（JGJ 59—2011）

3.10.3　高处作业吊篮保证项目的检查评定应符合下列规定：

3. 悬挂机构

1）悬挂机构前支架不得支撑在女儿墙及建筑物外挑檐边缘等非承重结构上；

2）悬挂机构前梁外伸长度应符合产品说明书规定；

3）前支架应与支撑面垂直，且脚轮不应受力；

4）上支架应固定在前支架调节杆与悬挑梁连接的节点处；

5）严禁使用破损的配重块或其他替代物；

6）配重块应固定可靠，重量应符合设计规定。

4. 钢丝绳

（1）钢丝绳不得有断丝、断股、松股、锈蚀、硬弯和油污及附着物。

（2）钢丝绳与悬挑梁连接处应有防止钢丝绳受剪的措施。

（3）采用绳夹连接时，绳夹数量、间距和连接强度应符合规范要求。

（4）安全钢丝绳是吊篮安全锁使用的专用钢丝绳，应单独设置。

（5）工作钢丝绳断裂时，防坠安全锁应能瞬时锁定安全钢丝绳，并防止吊篮坠落。

（6）吊篮型号规格应与工作钢丝绳一致，吊篮运行时安全钢丝绳应张紧悬垂。

（7）在吊篮内进行电焊作业时，应对钢丝绳、电缆线采取保护措施。

高处作业吊篮

【依据】《建筑施工安全检查标准》（JGJ 59—2011）

3.10.3 高处作业吊篮保证项目的检查评定应符合下列规定：

4. 钢丝绳

1）钢丝绳不应有断丝、断股、松股、锈蚀、硬弯及油污和附着物；

2）安全钢丝绳应单独设置，型号、规格应与工作钢丝绳一致；

3）吊篮运行时安全钢丝绳应张紧悬垂；

4）电焊作业时应对钢丝绳采取保护措施。

5. 安装作业

（1）吊篮的组装应严格依据相应说明书及规范要求，禁止随意增大篮体尺寸。

（2）吊篮悬挂高度 60m 及以下时，吊篮边长不宜大于 7.5m；悬挂高度在 60m 以上 100m 及以下时，吊篮长边不宜大于 5.5m；悬挂高度在 100m 以上时，吊篮长边不宜大于 2.5m。

（3）高处作业吊篮所选用的构配件应是同一厂家的产品，防止出现因配件不符而导致构造隐患的问题。

吊篮的安装顺序

悬挂机构 → 钢丝绳 → 垂放钢丝绳 → 配重块

悬吊平台 → 通电、检查 → 穿钢丝绳、平台正位

安全锁 → 电气箱 → 提升机

靠墙轮

垂锤 → 运行前调整 → 限位块

悬挂机构的安装顺序

调节座 → 前座 → 调整调节座高度 → 前梁

调节座 → 后座 → 调整调节座高度 → 后梁

中梁

调整前、后座距离 → 上支柱 → 加强钢丝绳 → 螺旋扣组件

张紧加强钢丝绳 → 钢丝绳 → 悬挂机构定位 → 垂放钢丝绳 → 配重块

【依据】《建筑施工安全检查标准》（JGJ 59—2011）

3.10.3　高处作业吊篮保证项目的检查评定应符合下列规定：

5. 安装作业

1）吊篮平台的组装长度应符合产品说明书和规范要求；

2）吊篮的构配件应为同一厂家的产品。

6. 升降作业

吊篮作业应严格控制施工荷载，严禁超载作业。作业人员不应超过2人，并应佩戴安全帽、系挂安全带，将连接安全带的挂扣正确挂置在独立设置的专用安全绳上，确保作业安全。

高处作业吊篮安装和施工单位应按规定设置专业技术人员、安全管理人员及特种作业人员。

特种作业人员应经专业部门培训，取得特种作业操作资格证书后，可持证上岗作业。

高处作业吊篮

【依据】《建筑施工安全检查标准》(JGJ 59—2011)

3.10.3 高处作业吊篮保证项目的检查评定应符合下列规定：

6. 升降作业

1）必须由经过培训合格的人员操作吊篮升降；

2）吊篮内的作业人员不应超过2人；

3）吊篮内作业人员应将安全带用安全锁扣正确挂置在独立设置的专用安全绳上；

4）作业人员应从地面进出吊篮。

第二节　一般项目的检查评定

1. 交底与验收

（1）吊篮安装完毕，应按相关要求验收，验收表应由责任人签字确认。吊篮安装使用前应向有关作业人员进行安全教育并下达安全技术交底，交底应留有文字记录。

（2）班前、班后应按相关规定对吊篮进行检查，当施工中发现吊篮设备故障和安全隐患时，应停止作业及时排除，并应由专业人员维修，维修后的吊篮应重新检查验收，合格后方可使用。

高处作业吊篮验收项

检查项目	检 查 标 准
悬挂机构	（1）悬挂机构的连接销轴规格与安装孔相符并用锁定销可靠锁定
	（2）悬挂机构稳定，前支架受力点平整，结构强度满足要求
	（3）悬挂机构抗倾覆系数不小于 2，配重铁足量稳妥安放，锚固点结构强度满足要求
吊篮平台	（1）吊篮平台组装符合产品说明书要求
	（2）吊篮平台无明显变形和严重锈蚀及大量附着物
	（3）连接螺栓拧紧，无遗漏
安全装置	（1）安全锁灵敏可靠，在标定有效期内，离心触发式制动距离小于等于 200mm，摆臂防倾 3°～8°锁绳
	（2）独立设置棉纶安全绳，棉纶绳直径不小于 16mm，锁绳器符合要求，安全绳与结构固定点的连接可靠
	（3）行程限位装置正确稳固，灵敏可靠
	（4）超高限位器止挡安装在距顶端 80cm 处并固定
操控系统	（1）供电系统符合施工现场临时用电安全技术规范要求
	（2）电气控制柜各种安全保护装置齐全、可靠，控制器件灵敏可靠
	（3）电缆无破损裸露，收放自如

【依据】《建筑施工安全检查标准》（JGJ 59—2011）

3.10.4　高处作业吊篮一般项目的检查评定应符合下列规定：

1. 交底与验收

1）吊篮安装完毕，应按规范要求进行验收，验收表应由责任人签字确认；

2）班前、班后应按规定对吊篮进行检查；

3）吊篮安装、使用前对作业人员进行安全技术交底，并应有文字记录。

2. 安全防护

（1）参考临边防护及高处作业有关要求，吊篮平台周边应设置防护栏杆及挡脚板，防止吊篮内人员及物料的坠落。

（2）同时进行上下立体交叉施工时，任何时间、场合都不允许在同一竖直方向同时操作。下层作业的位置，必须处于上层高度确定的可能坠落范围半径之外，不符合此条件时，下层吊篮应设置顶部防护板。

高处作业吊篮

【依据】《建筑施工安全检查标准》（JGJ 59—2011）

3.10.4 高处作业吊篮一般项目的检查评定应符合下列规定：

2. 安全防护

1）吊篮平台周边的防护栏杆、挡脚板的设置应符合规范要求；

2）上下立体交叉作业时吊篮应设置顶部防护板。

3. 吊篮稳定

（1）吊篮作业时应采取防止摆动的措施，如采用缓冲导向轮、吸盘等措施。

（2）吊篮内侧与作业面距离应在规范要求范围内，确保吊篮内人员的作业需求及人身安全。

高处作业吊篮

【依据】　《建筑施工安全检查标准》（JGJ 59—2011）

3.10.4　高处作业吊篮一般项目的检查评定应符合下列规定：

3. 吊篮稳定

1）吊篮作业时应采取防止摆动的措施；

2）吊篮与作业面距离应在规定要求范围内。

4. 荷载

（1）超出作业吊篮的荷载分为永久荷载和可变荷载。永久荷载包括：悬挂机构、吊篮（含提升机和电缆）、钢丝绳、配重块；可变荷载包括：操作人员、施工工具、施工材料、风荷载。

（2）永久荷载标准值应根据生产厂家使用说明书提供的数据选取。

（3）施工可变荷载标准值宜按均布荷载考虑，应为 $1kN/m^2$。

吊篮的风荷载应按下式计算：

$$Q_{wk} = \omega_k S$$

式中　Q_{wk}——吊篮的风荷载标准值（kN）；

　　　ω_k——风荷载标准值（kN/m^2）；

　　　S——吊篮受风面积（m^2）。

吊篮在结构设计时，应考虑风荷载的影响。在工作状态下，应能承受的基本风压值不低于 500Pa；在非工作状态下，当吊篮安装高度不大于 60m 时，能承受的基本风压值不应低于 1914Pa，每增高 30m，基本风压值应增加 165Pa；吊篮的固定装置结构设计风压值应按 1.5 倍的基本风压值计算。

【依据】《建筑施工安全检查标准》（JGJ 59—2011）

3.10.4 高处作业吊篮一般项目的检查评定应符合下列规定：

4. 荷载

1）吊篮施工荷载应符合设计要求；

2）吊篮施工荷载应均匀分布。

第九章

模板支架

模板支架检查评分表

序号	检查项目		扣 分 标 准	应得分数	扣减分数	实得分数
1		施工方案	(1) 未编制专项施工方案或结构设计未经计算，扣10分 (2) 专项施工方案未经审核、审批，扣10分 (3) 超规模模板支架专项施工方案未按规定组织专家论证，扣10分	10		
2		支架基础	(1) 基础不坚实平整、承载力不符合专项施工方案要求，扣5～10分 (2) 支架底部未设置垫板或垫板的规格不符合规范要求，扣5～10分 (3) 支架底部未按规范要求设置底座，每处扣2分 (4) 未按规范要求设置扫地杆，扣5分 (5) 未采取排水措施，扣5分 (6) 支架设在楼面结构上时，未对楼面结构的承载力进行验算或楼面结构下方未采取加固措施，扣10分	10		
3	保证项目	支架构造	(1) 立杆纵、横间距大于设计和规范要求，每处扣2分 (2) 水平杆步距大于设计和规范要求，每处扣2分 (3) 水平杆未连续设置，扣5分 (4) 未设置竖向剪刀撑或专用斜杆，扣10分 (5) 未按规范要求设置水平剪刀撑或专用水平斜杆，扣10分 (6) 剪刀撑或斜杆设置不符合规范要求，扣5分	10		
4		支架稳定	(1) 支架高宽比超过规范要求未采取与建筑结构刚性连结或增加架体宽度等措施，扣10分 (2) 立杆伸出顶层水平杆的长度超过规范要求，每处扣2分 (3) 浇筑混凝土未对支架的基础沉降、架体变形采取监测措施，扣8分	10		
5		施工荷载	(1) 荷载堆放不均匀，每处扣5分 (2) 施工荷载超过设计规定，扣10分 (3) 浇筑混凝土未对混凝土堆积高度进行控制，扣8分	10		
6		交底与验收	(1) 支架搭设、拆除前未进行交底或无交底记录，扣5～10分 (2) 架体搭设完毕未办理验收手续，扣10分 (3) 验收内容未进行量化，或未经责任人签字确认，扣5分	10		
		小计		60		

序号	检查项目		扣 分 标 准	应得分数	扣减分数	实得分数
7	一般项目	杆件连接	(1) 立杆连接不符合规范要求，扣3分 (2) 水平杆连接不符合规范要求，扣3分 (3) 剪刀撑斜杆接长度不符合规范要求，每处扣3分 (4) 杆件各连接点的紧固不符合规范要求，每处扣2分	10		
8		底座与托撑	(1) 螺杆直径与立杆内径不匹配，每处扣3分 (2) 螺杆旋入螺母内的长度或外伸长度不符合规范要求，每处扣3分	10		
9		构配件材质	(1) 钢管、构配件的规格、型号、材质不符合规范要求，扣5～10分 (2) 杆件弯曲、变形、锈蚀严重，扣10分	10		
10		支架拆除	(1) 支架拆除前未确认混凝土强度是否达到设计要求，扣10分 (2) 未按规定设置警戒区或未设置专人监护，扣5～10分	10		
		小计		40		
检查项目合计				100		

第一节 保证项目的检查评定

1. 施工方案

（1）施工单位应当在危险性较大的分部分项工程施工前编制专项方案；建筑工程实行施工总承包的，专项方案应当由施工总承包企业组织编制。

（2）专项方案应当由施工企业技术部门组织本单位施工技术、安全、质量等部门的专业技术人员进行审核，经审核通过的，由施工企业技术负责人签字，加盖单位法人公章后报监理企业，由项目总监理工程师审核签字并加盖执业资格注册章。

（3）超过一定规模的危险性较大的分部分项工程的专项方案应当由施工企业组织召开专家论证会。实行施工总承包的，由施工总承包企业组织召开专家论证会。

梁板模板支承体系

柱模板支撑体系

【依据】《建筑施工安全检查标准》（JGJ 59—2011）

3.12.3 模板支架保证项目的检查评定应符合下列规定：

1. 施工方案

1）模板支架搭设应编制专项施工方案，结构设计应进行计算，并按程序进行审核、审批；

2）模板支架搭设高度 8m 及以上；跨度 18m 及以上；施工总荷载 15kN/m² 及以上；集中线荷载 20kN/m 及以上的专项施工方案，应按规定组织专家论证。

2. 支架基础

（1）支架基础承载力必须符合设计要求，应能承受支架上部全部荷载，必要时应进行夯实处理，并应设置排水沟、槽等设施。

（2）支架底部应设置底座和垫板，垫板长度不小于2倍立杆纵距，宽度不小于200mm，厚度不小于50mm。

（3）支架在楼面结构上应对楼面结构强度进行验算，必要时应对楼面结构采取加固措施。

当架体搭设在永久性建筑结构混凝土基面时，立杆下底座或垫板可根据情况不设置。

在距立柱底200mm的高处，应沿纵、横水平方向按纵下横上的程序设置扫地杆。

模板支架

【依据】《建筑施工安全检查标准》（JGJ 59—2011）

3.12.3　模板支架保证项目的检查评定应符合下列规定：

2. 支架基础

1）基础应坚实、平整，承载力应符合设计要求，并应能承受支架上全部荷载；

2）支架底部应按规范要求设置底座、垫板，垫板规格应符合规范要求；

3）支架底部纵、横向扫地杆的设置应符合规范要求；

4）基础应采取排水设置，并应排水畅通；

5）当支架设在楼面结构上时，应对楼面结构强度进行验算，必要时应对楼面结构采取加固措施。

3. 支架构造

（1）采用对接连接，立杆伸出顶层水平杆中心线至支撑点的长度：碗扣式支架不应大于 700mm；承插型盘扣式支架不应大于 680mm；扣件式支架不应大于 500mm。

（2）支架高宽比大于 2 时，为保证支架的稳定，必须按规定设置连墙件或采用其他加强构造的措施。

（3）连墙件应采用刚性构件，同时应能承受拉、压荷载。连墙件的强度、间距应符合设计要求。

对于扣件式钢管满堂支撑架应根据架体的类型设置剪刀撑。

采用扣件式钢管做支架时，支架步距不应大于 2.0m；做高大模板支架时，支架步距不应大于 1.8m。

模板支架

采用扣件式钢管做支架时，立杆纵、横向间距不应大于 1.5m；做高大模板支架时，立杆纵、横向间距不应大于 1.2m。

【依据】《建筑施工安全检查标准》（JGJ 59—2011）

3.12.3 模板支架保证项目的检查评定应符合下列规定：

3. 支架构造

1）立杆间距应符合设计和规范要求；

2）水平杆步距应符合设计和规范要求，水平杆应按规范要求连续设置；

3）竖向、水平剪刀撑或专用斜杆、水平斜杆的设置应符合规范要求。

4. 支架稳定

立杆间距、水平杆步距应符合设计要求，竖向、水平剪刀撑或专用斜杆、水平斜杆的设置应符合规范要求。

用作模板的地坪、胎膜等应平整光洁，不得产生影响构件质量的下沉、裂缝、起砂或起鼓。

规范使用脚手架垫板

支架的立柱底部应铺设垫板，并应有足够有效的支撑面积，使上部荷载通过立柱均匀传递到支撑面上，支撑在疏松土质上时，基础必须经过夯实。

垫板的使用

【依据】《建筑施工安全检查标准》（JGJ 59—2011）

3.12.3　模板支架保证项目的检查评定应符合下列规定：

4. 支架稳定

1）当支架高宽比大于规定值时，应按规定设置连墙杆或采用增加架体宽度的加强措施；

2）立杆伸出顶层水平杆中心线至支撑点的长度应符合规范要求；

3）浇筑混凝土时应对架体基础沉降、架体变形进行监控，基础沉降、架体变形应在规定允许范围内。

5. 施工荷载

施工荷载包括:

(1) 模板及其支架的自重。

(2) 新浇筑的混凝土重量。

(3) 钢筋重量。

(4) 施工人员及施工设备的重量。

(5) 振捣混凝土时产生的荷载。

(6) 新浇筑混凝土对模板侧面的压力。

(7) 倾倒混凝土时产生的荷载。

振捣混凝土时产生的荷载标准值可采用 2.0kN/m²。

施工人员及设备荷载标准值按均布可变荷载取 1.0kN/m²。

浇筑模板

【依据】《建筑施工安全检查标准》(JGJ 59—2011)

3.12.3 模板支架保证项目的检查评定应符合下列规定:

5. 施工荷载

1) 施工均布荷载、集中荷载应在设计允许范围内;

2) 当浇筑混凝土时,应对混凝土堆积高度进行控制。

6. 交底与验收

交底工作

支架搭设完毕，应组织相关人员对支架搭设质量进行全面验收，验收应有量化内容及文字记录，并应由责任人签字确认。

搭设完毕

现场验收

支架搭设前，应按专项施工方案及有关规定，对施工人员进行安全技术交底，交底应有文字记录。

【依据】《建筑施工安全检查标准》（JGJ 59—2011）

3.12.3 模板支架保证项目的检查评定应符合下列规定：

6. 交底与验收

1）支架搭设、拆除前应进行交底，并应有交底记录；

2）支架搭设完毕，应按规定组织验收，验收应有量化内容并经责任人签字确认。

第二节 一般项目的检查评定

立杆接长严禁搭接，必须采用对接扣件连接。

扣件螺栓的拧紧力矩不应小于40N·m，且不应大于65N·m。

1. 杆件连接

钢管扫地杆、水平拉杆应采用对接。

剪刀撑搭接长度不得小1000mm，并应采用2个旋转扣件分别在离杆端不小于100mm处进行固定。

模板支架

【依据】 《建筑施工安全检查标准》（JGJ 59—2011）

3.12.4 模板支架一般项目的检查评定应符合下列规定：

1. 杆件连接

1）立杆应采用对接、套接或承插式连接方式，并应符合规范要求；

2）水平杆的连接应符合规范要求；

3）当剪刀撑斜杆采用搭接时，搭接长度不应小于1m；

4）杆件各连接点的紧固应符合规范要求。

脚手架、模板、高处作业施工安全

2. 底座与托撑

支模钢管立柱顶部应设可调支托，U形支托与棱梁两侧间如有间隙，必须楔紧，其螺杆伸出钢管顶部不得大于 200mm，螺杆外径与立杆钢管内径的间隙不得大于 3mm，安装时应保证上下同心。

可调托撑

可调底座

可调底座、托撑螺杆直径应与立杆内径匹配，配合间隙应符合规范要求。

【依据】《建筑施工安全检查标准》（JGJ 59—2011）

3.12.4　模板支架一般项目的检查评定应符合下列规定：

2. 底座与托撑

1）可调底座、托撑螺杆直径应与立杆内径匹配，配合间隙应符合规范要求；

2）螺杆旋入螺母内长度不应少于 5 倍的螺距。

3. 构配件材质

钢管用外径48mm，厚3.5mm的焊接钢管，也可用同样规格的无缝钢管或外径51mm，壁厚4mm的焊接钢管或其他钢管。

立杆、大横杆和斜杆钢管的长度一般为4～6.5m；小横杆的钢管长度一般为2.1～2.3m。

模板支架

直角扣件(除底座外)必须经过70N·m扭力矩试压检验，不允许破坏。

扣件有直角扣件、回转扣件和对接扣件三种。直角扣件用于连接两根垂直交叉的钢管；回转扣件用于连接两根呈任意角度的钢管；对接扣件用于两根钢管的对接连接。

【依据】《建筑施工安全检查标准》(JGJ 59—2011)

3.12.4 模板支架一般项目的检查评定应符合下列规定：

3. 构配件材质

1) 钢管壁厚应符合规范要求；

2) 构配件规格、型号、材质应符合规范要求；

3) 杆件弯曲、变形、锈蚀量应在规范允许范围内。

4. 支架拆除

底模及支架拆除时的混凝土强度应符合设计要求，并应遵循先支后拆，先拆非承重部分的原则。对超规模模板支架的拆除必须按专项方案规定进行。

支架拆除时的混凝土强度要求

构件类型	构件跨度（m）	达到设计混凝土强度等级值的百分率（%）
板	≤2	≥50
	>2，≤8	≥75
	>8	≥100
梁	≤8	≥75
	>8	≥100
悬臂结构	—	≥100

模板支架拆除

【依据】《建筑施工安全检查标准》（JGJ 59—2011）

3.12.4 模板支架一般项目的检查评定应符合下列规定：

4. 支架拆除

1）支架拆除前结构的混凝土强度应达到设计要求；

2）支架拆除前应设置警戒区，并应设专人监护。

一般混凝土浇筑后，正常情况下12小时即可拆模。采用早强水泥或加了早强剂时，混凝土初凝时间较短，可以提前拆除。大体积混凝土需防止水化热时，需养护2～3天。

第十章

高 处 作 业

高处作业检查评分表

序号	检查项目	扣　分　标　准	应得分数	扣减分数	实得分数
1	安全帽	(1) 施工现场人员未佩戴安全帽，每人扣 5 分 (2) 未按标准佩戴安全帽，每人扣 2 分 (3) 安全帽质量不符合现行国家相关标准的要求，扣 5 分	10		
2	安全网	(1) 在建工程外脚手架架体外侧未采用密目式安全网封闭或网间连接不严，扣 2~10 分 (2) 安全网质量不符合现行国家相关标准的要求，扣 10 分	10		
3	安全带	(1) 高处作业人员未按规定系挂安全带，每人扣 5 分 (2) 安全带系挂不符合要求，每人扣 5 分 (3) 安全带质量不符合现行国家相关标准的要求，扣 10 分	10		
4	临边防护	(1) 工作面边沿无临边防护，扣 10 分 (2) 临边防护设施的构造、强度不符合规范要求，扣 5 分 (3) 防护设施未形成定型化、工具式，扣 3 分	10		
5	洞口防护	(1) 在建工程的孔、洞未采取防护措施，每处扣 5 分 (2) 防护措施、设施不符合要求或不严密，每处扣 3 分 (3) 防护设施未形成定型化、工具式，扣 3 分 (4) 电梯井内未按每隔两层或不大于 10m 设置安全平网，扣 5 分	10		
6	通道口防护	(1) 未搭设防护棚或防护不严、不牢固，扣 5~10 分 (2) 防护棚两侧未进行封闭，扣 4 分 (3) 防护棚宽度不大于通道口宽度，扣 4 分 (4) 防护棚长度不符合要求，扣 4 分 (5) 建筑物高度超过 24m 时，防护棚顶未采用双层防护，扣 4 分 (6) 防护棚的材质不符合规范要求，扣 5 分	10		
7	攀登作业	(1) 移动式梯子的梯脚底部垫高使用，扣 3 分 (2) 折梯未使用可靠拉撑装置，扣 5 分 (3) 梯子的材质或制作质量不符合规范要求，扣 10 分	10		
	小计		70		

续表

序号	检查项目	扣 分 标 准	应得分数	扣减分数	实得分数
8	悬空作业	(1) 悬空作业处未设置防护栏杆或其他可靠的安全措施，扣5~10分 (2) 悬空作业所用的索具、吊具等未经验收，扣5分 (3) 悬空作业人员未系挂安全带或佩带工具袋，扣2~10分	10		
9	移动式操作平台	(1) 操作平台未按规定进行设计计算，扣8分 (2) 移动式操作平台，轮子与平台的连接不牢固可靠或立柱底端距离地面超过80mm，扣5分 (3) 操作平台的组装不符合设计和规范要求，扣10分 (4) 平台台面铺板不严，扣5分 (5) 操作平台四周未按规定设置防护栏杆或未设置登高扶梯，扣10分 (6) 操作平台的材质不符合规范要求，扣10分	10		
10	悬挑式物料钢平台	(1) 未编制专项施工方案或未经设计计算，扣10分 (2) 悬挑式钢平台的下部支撑系统或上部拉结点，未设置在建筑结构上，扣10分 (3) 斜拉杆或钢丝绳未按要求在平台两侧各设置两道，扣10分 (4) 钢平台未按要求设置固定的防护栏杆或挡脚板，扣3~10分 (5) 钢平台台面铺板不严或钢平台与建筑结构之间铺板不严，扣5分 (6) 未在平台明显处设置荷载限定标牌，扣5分	10		
	小计		30		
	检查项目合计		100		

1. 安全帽

（1）安全帽对人头部受坠落物及其他特定因素引起的伤害起防护作用，由帽壳、帽衬、下颚带、附件组成。

（2）安全帽质量和安全性应符合规定，应有制造厂名称、商标、许可证号、检验部门批量验证和检验合格证。

> 安全帽在经受严重冲击后，即使没有明显破损，也必须进行更换。

> 安全帽佩戴时，必须按头围大小调整帽箍并系紧下颚带，防止安全帽脱落。

安全帽

【**依据**】《建筑施工安全检查标准》（JGJ 59—2011）

3.13.3　高处作业的检查评定应符合下列规定：

1. 安全帽

1）进入施工现场的人员必须正确佩戴安全帽；

2）安全帽的质量应符合规范要求。

脚手架、模板、高处作业施工安全

2. 安全网

（1）安全网质量和安全性应符合规定，应有制造厂名称、生产日期、许可证号、检验部门批量验证和检验合格证。

（2）安全网按防护功能分为安全平网和密目式安全网。安全平网主要用于洞口和作业层的防护。密目式安全网主要用于脚手架外立面的防护，也可将安全平网与密目式安全网双层叠加用于作业层的防护。

（3）安全网的架设应符合相关规定的要求。

> 密目式安全网网眼的孔径不应大于12mm。

> 密目网的宽度应为1.2～2m，长度按供货协议规定，但最低不应小于2m。

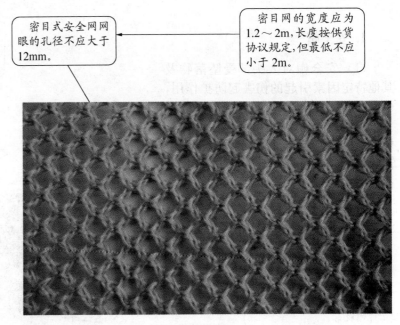

密目式安全网

【依据】《建筑施工安全检查标准》（JGJ 59—2011）

3.13.3 高处作业的检查评定应符合下列规定：

2. 安全网

1）在建工程外脚手架的外侧应采用密目式安全网进行封闭；

2）安全网的质量应符合规范要求。

3. 安全带

（1）安全带质量和安全性应符合规定，应有制造厂名称、生产日期、伸展长度、许可证号、检验部门批量验证和检验合格证。

（2）高处作业人员必须佩戴安全带，不同形式安全带的使用应符合相关规定要求。

（3）作业人员体重及负重之和超过100kg不宜使用安全带。

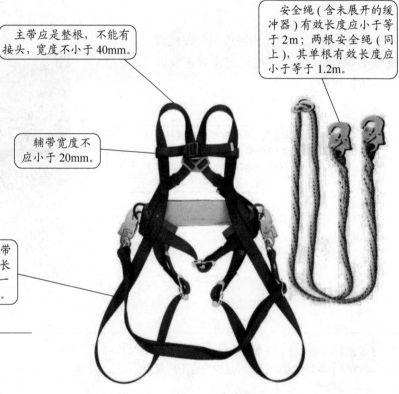

> 主带应是整根，不能有接头，宽度不小于40mm。

> 安全绳（含未展开的缓冲器）有效长度应小于等于2m；两根安全绳（同上），其单根有效长度应小于等于1.2m。

> 辅带宽度不应小于20mm。

> 护腰带整体硬挺度不应小于腰带的硬挺度，宽度应不小于80mm，长度应不小于 600mm，接触腰的一面应采用柔软、吸汗、透气材料。

安全带

【依据】《建筑施工安全检查标准》（JGJ 59—2011）

3.13.3 高处作业的检查评定应符合下列规定：

3. 安全带

1）高处作业人员应按规定系挂安全带；

2）安全带的系挂应符合规范要求；

3）安全带的质量应符合规范要求。

脚手架、模板、高处作业施工安全

4. 临边防护

高处作业面边沿无围护或围护设施高度低于800mm时，应按规定设置连续的临边防护设施。

采用防护栏杆时，上杆距地面高度为1.0～1.2m，下杆距地面高度为0.5～0.6m，横杆长度大于2m时，应加设栏杆，防护栏杆应能承受任何方向的大小为1kN的外力。

防护栏杆立面可采用网板或密目式安全网封闭，栏杆底端设置高度不低于180mm的挡脚板。临边防护应采用定型化、工具式的防护设施。

临边防护

【依据】《建筑施工安全检查标准》(JGJ 59—2011)

3.13.3 高处作业的检查评定应符合下列规定：

4. 临边防护

1) 作业面边沿应设置连续的临边防护设施；

2) 临边防护设施的构造、强度应符合规范要求；

3) 临边防护设施宜定型化、工具式，杆件的规格及连接固定方式应符合规范要求。

5. 洞口防护

（1）当垂直洞口短边边长小于500mm时，应采取封堵措施；当垂直洞口短边边长不小于500mm时，应在临空一侧设置高度不小于1.2m的防护栏杆，并采用密目式安全立网或工具式栏板封闭，设置挡脚板。

（2）当非垂直洞口短边尺寸为25～500mm时，应采用承载力满足使用要求的盖板覆盖，盖板四周搁置应均衡，且应防止盖板移位。

（3）当非垂直洞口短边边长为500～1500mm时，应采用专项设计盖板覆盖，并采取固定措施。

（4）当非垂直洞口短边边长不小于1500mm时，应在洞口作业侧设置高度不小于1.2m的防护栏杆，并采用密目式安全立网或工具式栏板封闭，洞口采用安全平网封闭。

电梯井口应设置防护门，其高度不应小于1.5m。防护门底端距地面高度不应大于50mm。

电梯井口

【依据】《建筑施工安全检查标准》（JGJ 59—2011）

3.13.3 高处作业的检查评定应符合下列规定：

5. 洞口防护

1）在建工程的预留洞口、楼梯口、电梯井口等孔洞应采取防护措施；

2）防护措施、设施应符合规范要求；

3）防护设施宜定型化、工具式；

4）电梯井内每隔二层且不大于10m应设置安全平网防护。

6. 通道口防护

防护棚的顶棚使用竹笆或胶合板搭设时，应采用双层搭设，间距不小于700mm；当使用木板时，可采用单层搭设，木板厚度不小于50mm，当建筑物高度大于24mm并采用木板搭设时，应搭设双层防护棚，两层防护棚的间距不应小于700mm。

防护棚宽度应大于通道口宽度，长度应依据在建筑物高度与坠落半径确定，一般不小于3m。

防护棚的长度应根据建筑物高度与可能坠落半径确定。

防护棚

【依据】《建筑施工安全检查标准》(JGJ 59—2011)

3.13.3　高处作业的检查评定应符合下列规定：

6. 通道口防护

1) 通道口防护应严密、牢固；

2) 防护棚两侧应采取封闭措施；

3) 防护棚宽度应大于通道口宽度，长度应符合规范要求；

4) 当建筑物高度超过24m时，通道口防护顶棚应采用双层防护；

5) 防护棚的材质应符合规范要求。

7. 攀登作业

单梯不得垫高使用,使用时应与水平面成75°夹角,踏步不得缺失,其间距宜为300mm。

使用固定式直梯进行攀登作业时,攀登高度宜为5m,且不得超过10m。

当攀登高度超过3m时,宜加设护笼;超过8m时,应设置梯间平台。

单梯

固定式直梯

【依据】《建筑施工安全检查标准》(JGJ 59—2011)

3.13.3 高处作业的检查评定应符合下列规定:

7. 攀登作业

1)梯脚底部应坚实,不得垫高使用;

2)折梯使用时上部夹角宜为35°~45°,并应设有可靠的拉撑装置;

3)梯子的材质和制作质量应符合规范要求。

8. 悬空作业

构件吊装时的悬空作业：

（1）钢结构吊装，构件宜在地面组装，安全设施应一并设置。吊装时应在作业层下方设置一道水平安全网。

（2）吊装钢筋混凝土屋架、梁、柱等大型构件前，应在构件上预先设置登高通道、操作立足点等安全设施。

（3）在高空安装大模板、吊装第一块预制构件或单独的大中型预制构件时，应站在作业平台上操作。

模板支撑体系搭设和拆卸：

（1）模板支撑应按规定程序进行，不得在连接件和支撑件上攀登上下，不得在上下同一竖直面上装拆模板。

（2）在2m以上高处搭设与拆除模板及悬挑式模板时，应设置操作平台。

（3）在进行高处拆模作业时应配置登高用具或搭设支架。

外墙作业：

（1）门窗作业时，应有防坠落措施，操作人员在无安全防护设施情况下，不得站立在樘子、阳台栏板上作业。

（2）高处安装不得使用座板式单人吊具。

屋面作业：

（1）在坡度大于1∶2.2的屋面上作业，当无外脚手架时，应在屋檐边设置不低于1.5m高的防护栏杆，并应采用密目式安全立网全封闭。

（2）在轻质型材等屋面上作业时，应搭设临时走道板，不得在轻质型材上行走；安装压型板前，应采取在梁下支设安全平网或搭设脚手架等安全防护措施。

【依据】《建筑施工安全检查标准》（JGJ 59—2011）

3.13.3 高处作业的检查评定应符合下列规定：

8. 悬空作业

1）悬空作业处应设置防护栏杆或采取其他可靠的安全措施；

2）悬空作业所使用的索具、吊具等应经验收，合格后方可使用；

3）悬空作业人员应系挂安全带、佩戴工具袋。

9. 移动式操作平台

移动式操作平台的面积不应超过 10 m²，高度不应超过 5m，高度比不应大于 3：1，施工荷载不应超过 1.5kN/m²。

轮子应与平台连接牢固，立柱底端离地面不得超过 80mm，行走轮和导向轮应配有制动器或刹车闸等固定措施。

移动式行走轮的承载力不应小于 5kN，行走轮制动器的制动力矩不应小于 2.5N·m，移动式操作平台架体应保持竖直，不得弯曲变形。

操作平台应铺满平台板，四周必须设置防护栏杆，并应设置攀登扶梯。

操作平台移动时，严禁任何人滞留在平台上。

【依据】《建筑施工安全检查标准》(JGJ 59—2011)

3.13.3 高处作业的检查评定应符合下列规定：

9. 移动式操作平台

1) 操作平台应按规定进行设计计算；

2) 移动式操作平台轮子与平台连接应牢固、可靠，立柱底端距地面高度不得大于 80mm；

3) 操作平台应按设计和规范要求进行组装，铺板应严密；

4) 操作平台四周应按规范要求设置防护栏杆，并应设置登高扶梯；

5) 操作平台的材质应符合规范要求。

脚手架、模板、高处作业施工安全

10. 悬挑式物料钢平台

悬挑式操作平台的悬挑长度不宜大于 5m。

采用斜拉方式的悬挑式操作平台应在平台两边各设置前后两道斜拉钢丝绳，每一道应做单独受力计算和设计。

平台台面、平台与建筑结构间铺板应牢固和严密，平台边沿应按规范要求设置防护栏杆，并应在平台明显处设置荷载限制标牌，平台严禁超载。

悬挑式操作平台的外侧应略高于内侧，外层应安装固定的防护拦杆并设置防护挡板完全封闭。

悬挑式物料钢平台

【依据】《建筑施工安全检查标准》(JGJ 59—2011)

3.13.3 高处作业的检查评定应符合下列规定：

10. 悬挑式物料钢平台

1) 悬挑式物料钢平台的制作、安装应编制专项施工方案，并应进行设计计算；

2) 悬挑式物料钢平台的下部支撑系统或上部拉结点，应设置在建筑结构上；

3) 斜拉杆或钢丝绳应按规范要求在平台两侧各设置前后两道；

4) 钢平台两侧必须安装固定的防护栏杆，并应在平台明显处设置荷载限定标牌；

5) 钢平台台面、钢平台与建筑结构间铺板应严密、牢固。